はじめに——肥料の選び方・使い方上手になる！

肥料は、農家にとってもっとも身近な資材のひとつです。うまく使えば作物の力を発揮させ、収量を上げるために大いに役立ちます。数多くの商品が流通していますが、専門的な用語も多く、種類によって性質もさまざまで、自分の田畑や作物に合った肥料を的確に選ぶのは、意外と難しいものです。

そこで本書では、『現代農業』２０１８年10月号「今さら聞けない肥料選びの話」の巻頭特集をベースに、肥料のことがイチからよくわかる過去の人気記事を再編集して一冊にまとめました。第１章では、おもに化学肥料にまつわる「今さら聞けないきほんのき」をQ&A方式で紹介しています。第２章では、作物にとって特に重要な養分であるチッソ・リン酸・カリ・石灰（カルシウム）・苦土（マグネシウム）について、それぞれの役割と吸われ方、上手な効かせ方、肥料の使い分け方を、楽しい図解にまとめています。第３章では、もっともシンプルで安い化学肥料である「単肥」について、ベテラン農家の使いこなし方をまとめました。

必要な分だけを上手に効かせ、肥料のムダを減らせば、コスト削減はもちろん、土への過剰投入を防いで土壌を健全に保ち、作物を健康に育てることにもつながります。

新しく農業をはじめた方にはもちろん、経験豊富な皆さんにもぜひゆっくりと読んでいただきたい一冊です。きっと「あ、こういうことだったのか！」という発見があるはずです。本書を読んで、肥料のことが少しでも身近に感じられるようになったら幸いです。

２０１９年11月

農山漁村文化協会編集局

ボクはオール14デス
肥料のことなら
なんでも聞いてクダサイ
14-14-14

14-14-14

第2章　図解でわかる肥料の働きと効かせ方

第3章　名人の単肥使いこなし術

第1章
肥料選びのＱ＆Ａ

肥料袋からわかること

【商品名】

肥料袋の表面に書いてあるのは「商品名」（流通名、ペットネームともいいマス）。この商品の場合、そのすぐ下に、「肥料の名称」も書いてありマス
⇒10ページ

【保証成分の含有率】

ほとんどの肥料袋の表面には、チッソ、リン酸、カリの三大要素の含有率が書いてありマス。14－14－14ってことは、それぞれ何kgずつ入ってるのカナ？
⇒10ページ

保証成分に見せかけて、意味不明な数字が書いてあることもありマス。14－14－14と444、どう違う？
⇒10ページ

【内容量】

肥料って、なんで20kgで売られていることが多いんデスカネ？
⇒52ページ

表面（おもてめん）を見る

肥料袋の情報を読み解くこと。それが、肥料選びの第一歩デス。さあ、張り切っていきマショー！

(依田賢吾撮影、以下Y)

【登録番号】

登録がない肥料は売れまセン

生産業者保証票		
登録番号	生第102991号	
肥料の種類	化成肥料	
肥料の名称	くみあい複合燐加安42	
保証成分量(%)		
	窒素全量	14.0
	内アンモニア性窒素	10.0
	く溶性りん酸	14.0
	内水溶性りん酸	10.0
	く溶性加里	14.0
	内水溶性加里	12.0
原料の種類 (窒素全量を保証又は含有する原料)	尿素	
正味重量	20キログラム	
生産した年月	2017.11.29 2	
生産業者の氏名又は名称及び住所	ジェイカムアグリ株式会社 東京都千代田区神田須田町二丁目6番6号	
生産した事業場の名称及び所在地	CAM402	

全農は登録商標

(Y)

【肥料の種類】

「化成肥料」や「配合肥料」と書いてあれば複数成分を含む複合肥料デス。複合肥料でないチッソ肥料であれば「硫酸アンモニア」とか「尿素」、リン酸肥料であれば「過りん酸石灰」「熔成りん肥」などと書いてありマス
⇒38ページ

【肥料の名称】

ここに書いてあるのが、この肥料の登録上の正式名デス ⇒10ページ

【保証成分量(%)】

各成分を何%ずつ含むか明記してありマス。ただし、ここに表示できるのはチッソ、リン酸、カリ、カルシウム、マグネシウム、マンガン、ケイ酸、ホウ素の8種類のみ。ここに書いていない成分を含んでいる肥料もありマス
⇒32ページ

【正味重量】

だいたい、表面にも書いてありマス
⇒52ページ

【生産した年月】

製造年月日は書いてありマスが「有効期限」や「消費期限」はありまセン
⇒48ページ

【材料の種類、名称及び使用量】

上記のほか、「効果発現促進材」(鉄、銅、亜鉛、モリブデンなど)、「硝酸化成抑制材」(アンモニア態チッソが土壌中で硝酸態チッソに変化するのを抑える薬剤。肥効を長引かせ、流亡を抑える働きがある)、「組成均一化促進材」(ゼオライトなど増量剤もこれに当たる)、「着色材」「摂取防止材」(牛などが間違って食べないようにトウガラシ粉末等を使っている場合がある)を使っている場合は、表示義務がありマス(写真の肥料は該当しない)

※これは普通の肥料の「生産業者保証票」で、汚泥肥料や、販売業者が詰め替えなどした肥料の保証票はまた違う。また、特殊肥料(40ページ)の販売には保証票が必要ないが、堆肥や家畜糞については「品質表示」の義務がある

裏面を見る

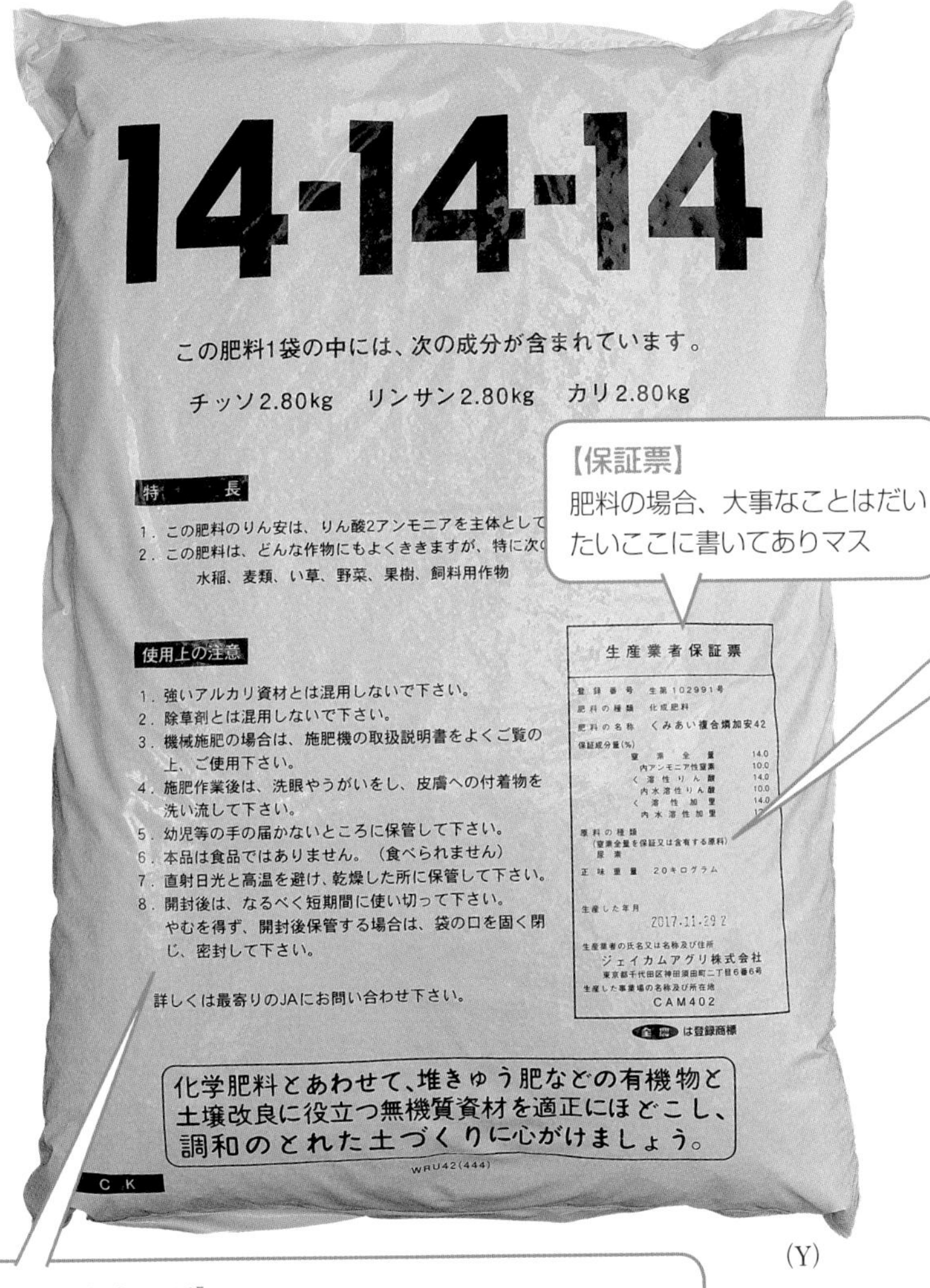

(Y)

【使用上の注意など】

肥料の特徴や基本的な施用量、「アルカリ性の資材と混ぜないこと」など安全に使用するための注意点もここに書かれマス。「危険物」に指定されている場合は、その表示も義務デス
⇒46ページ

肥料の名前の話

肥料袋に書いてある8―8―8とか14―14―14ってなに？

チッソ、リン酸、カリの含有量(%)がひと目でわかる。この数字の意味を知ることこそが、肥料選びの第一歩です。

それぞれ、「ハチハチハチ」とか「オールハチ」「オールジューヨン」などと読む。肥料成分の含有率（%）を表していて、例えば8―8―8なら、チッソ（N）、リン酸（P）、カリ（K）の三大要素が8%ずつ入ってますよ、という意味。数字が大きいほど、成分豊富な肥料というわけだ。

気を付けたいのは、数字は「含有量（kg）」ではないこと。8―8―8の肥料1袋（20kg）に含まれるのは、NPKがそれぞれ1・6kgずつ（20kg×8%）。8kgずつ入っていると思って使ってしまうと、とんだ肥料不足になるかもしれない。編

肥料袋に大きく「追肥専用550」と書いてある。てっきり5―5―0の肥料かと思いきや、袋を裏返してみたらN15%、P5%、K20%でした！　これはわかりませんよね？

A 数字がたんなる商品名の場合もあるから、袋の裏の保証票を見てほしい。

そう、じつはこういう商品がけっこうあるので、早とちりしないようにしたい。試しに、袋に「○○550」と書いてある肥料をいくつか見てみたところ、他にも15－15－10や15－5－10の商品もあった。肥料袋に大きく数字が書かれていても、それがすなわち含有量（％）とは限らない。数字がたんなる商品名の一部ということもあるようだ。

商品名に数字を含む肥料はけっこうあって、成分表示なのか、たんなる商品名なのか、とっても紛らわしい。肥料の製造業者は、どうやって名前をつけているんだろうか――。

全農長野の吉田清志さん（56ページ）によると、肥料の名前のつけ方にはおおむね2通りあるという。例えば「372S」とか「追肥NK404」といった成分をもじって語呂合わせの数字をつける場合と、「アスパラにょきにょき」「ナガイモ一発肥料」「野菜物語」のように、使う作物の名前を入れる場合。

550肥料の1つ。
成分は15－15－10
（依田賢吾撮影）

成分の語呂合わせには、チッソが15％なら5、25％でも5と、下1桁の数字をつけることが多いようだが、「燐加安42号」（14－14－14）のように三要素の数字を足したものもある。やっぱり商品名の数字はあてにならない。吉田さんは、袋の表に書かれた数字ではなく、必ず袋裏の「保証票」の「保証成分量（％）」を見てほしいという。

ちなみに、○－○－○と、数字を－で繋いである場合は、どうやら素直に成分含有量のことだと考えていいようだ。 編

チッソ リン酸 カリの話

Q オール14が安い！成分量がもっと少ない肥料より安いことがあるのはなんで？

A きっと、みんなオール14が大好きだから。

図１　水平型肥料の流通量（東京都）

高度化成　合計 550.6 t

- オール14　31％
  - ・くみあい尿素入り燐加安444
  - ・くみあい複合燐加安42号
  - ・くみあい苦土ほう素入り複合硝燐加安Ｓ444号 他
- オール10　25％
  - ・くみあい尿素入りＩＢ化成 他
- その他　44％

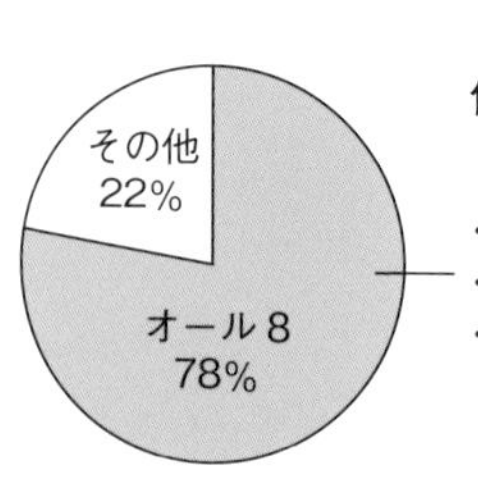

低度化成　合計 969 t

- オール８　78％
  - ・くみあい化成 888
  - ・くみあい有機入り複合888 特号
  - ・くみあい苦土有機入り化成Ａ801号 他
- その他　22％

高度化成肥料の４分の１がオール14!?

確かに不思議だ。20ページに登場するレタス農家、入江健二さんが愛用する**オール14**は、20kg１袋で１５００円ほど。チッソとカリが同じ14％で、リン酸が５％（14−5−14）しか入っていない肥料が同１７００円ほどするそうで、どう考えたってお得だ。入江さんが肥料屋さんに聞いた話では、「オール14はメーカーが競って製造するバーゲン品」とのことだった。

実際、オール14やオール10、**オール８**の流通量は多い。例えば２０１６年に東京都が調査した資料によると、都内の農協や肥料小売り店が仕入れた肥料のうち、高度化成では半分以上が

図２　ＮＰＫ肥料のタイプ

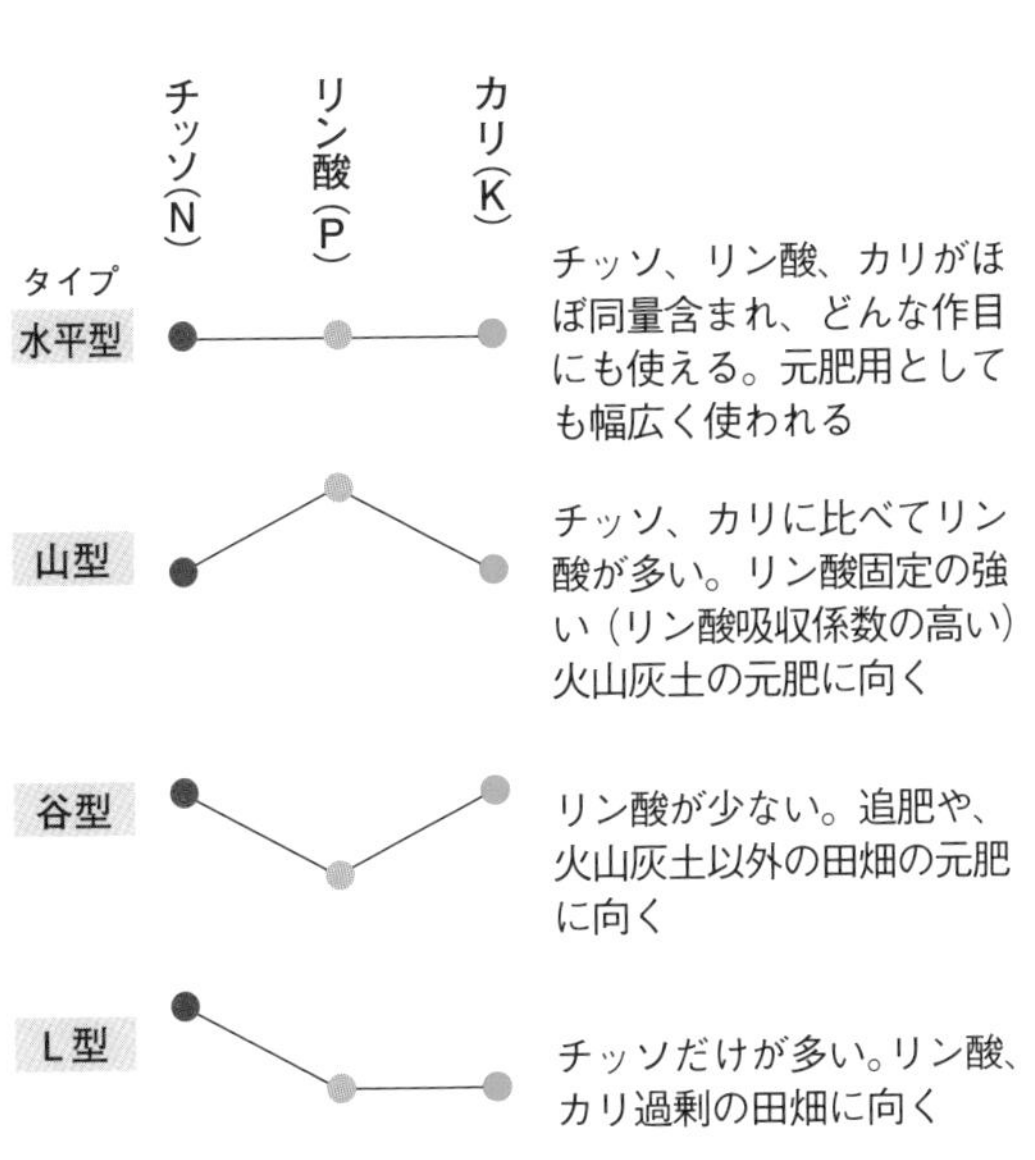

チッソ(N)
リン酸(P)
カリ(K)
タイプ
水平型
チッソ、リン酸、カリがほぼ同量含まれ、どんな作目にも使える。元肥用としても幅広く使われる
山型
チッソ、カリに比べてリン酸が多い。リン酸固定の強い（リン酸吸収係数の高い）火山灰土の元肥に向く
谷型
リン酸が少ない。追肥や、火山灰土以外の田畑の元肥に向く
L型
チッソだけが多い。リン酸、カリ過剰の田畑に向く

ボクは水平型。
オールマイティーで
一番人気なんデス！
14-14-14

オール14とオール10、低度化成では約4分の3がオール8だった（図1）。家庭菜園愛好家が多いという土地柄もあるかもしれないが、それにしても圧倒的な人気だ。

どんな作物の元肥にも使える

なぜ売れるのか――。改めて三大要素の働きをざっくりいえば、チッソは作物の体をつくる原料で、リン酸は根や茎葉の生育、開花・結実を促進し、カリは細胞を肥大させるのに欠かせない。オール8やオール14などは、これら三要素をまんべんなく含む「水平型」（図2）と呼ばれる肥料だ。よく売れるのは、きっとどんな作物の元肥にも使えて、選んで失敗が少ないからだろう。

ちなみに、「高度化成」とは三要素の含有量が合計30%以上の肥料のこと。それ以下なら「普通化成」、または「低度化成」と呼ぶ（最低10%）。まあ、単なる登録上の分類で、深い意味はないのであまり気にする必要はない。肥料の分類は38ページからの記事を参照してほしい。編

農協に「L型」の肥料を使うようにいわれました。いったい何のこと？

三要素のうち、リン酸とカリを減らした肥料のこと。最近、農協が力を入れてるみたいです。

リン酸過剰、カリ過剰の畑向き

オール8やオール14など、三要素をまんべんなく含んだ肥料が売れる一方で、今、農協が力を入れているのは14－10－10や14－8－8といった肥料。チッソに比べてリン酸やカリの含有率が低いので、「L型肥料」などと呼ばれる。農協の商品名は「PKセーブ」。日本はリン酸過剰、カリ過剰の田畑が多いので、それらをセーブした肥料を売り出して、農家の肥料代減らしを助けたいというわけだ。

東京農業大学の村上敏文先生によると、肥料製造のコストは6割が原材料費。中でもリン酸（リン鉱石やリン安）が高いらしく、チッソ（尿素）は一番安い。リン酸もカリも抑えたPKセーブ（14－8－8）は、既存の化成肥料（オール15）と比べて約3割安いとか。

リン酸が効きにくい田畑には「山型」

一方、三要素のうちリン酸が特に多い肥料は「山型」、逆にリン酸が少ない肥料は「谷型」などと呼ばれる（13ページ）。リン酸が多いので、山型は比較的高い肥料だ。それでも、リン酸が効くと根っこの伸びがよくなったり、葉にツヤが出て硬くなったりすると、愛してやまない農家は少なくない。

またリン酸は、火山灰土壌（黒ボク土）でアルミニウムや鉄、カルシウムとくっついて作物に吸われにくくなってしまう性質がある。しっかり効かせるためには、施肥量を減らせないという農家もいる。

編

「超L型肥料」なら、飼料イネの施肥量が半分ですむ。

茨城県大子町・益子光洋

飼料イネの栽培面積がだんだん増えてきました。収穫機やロールベーラーを持ってるから、周りから自然と任されるようになったんです。

大面積をこなさなきゃなんないから、肥料は元肥一発。飼料イネの専用肥料はないので、「新規需要米用一発肥料」を使っています。JA全農のBBファイト066という肥料で、30－6－6とチッソ成分が極端に高いのが特徴です。1袋15kg入りとちょっと小さめで、価格は約2500円。

以前は同じ化成肥料でも、20kgで約1600円と安いオール14を使っていました。でも、飼料イネはリン酸、カリよりもチッソ重視なので、チッソ含有率が倍のBBファイトを使うようになりました。おかげで肥料の散布量が半分に減らせました。オール14の時は10a当たり3袋（チッソ成分で8・4kg）ほどでしたが、今は1・5袋くらい（20～25kgでチッソ成分は6～7・5kg）。1袋は高いのですが、施用量が半分なので、トータルの肥料代も少し減らせました。

飼料イネには10a当たり8～9kgのチッソが必要だと聞くので、今の散布量はちょっと少なめ。でも田植え時に側条施肥しているので、以前よりもイネに効いているような気がします。

肥料補給の手間を半分に減らせて、収量もそこそことれる。周りの皆はまだまだオール14などを使っているので、BBファイトをすすめているところです。

（談）

益子光洋さん。繁殖和牛35頭。飼料イネ18haで収穫とWCSの生産を担う

カリだけ減らした15−15−3で緑肥栽培。

長野県塩尻市・**中野春男**

毎年の緑肥すき込みでカリ過剰!?

ライムギを緑肥に使って10年近くたちます。緑肥は土壌流亡を防ぎ、耕盤をできにくくし、雑草やセンチュウを抑えて、土壌病害も減らします。

ただし、緑肥を毎年すき込んでいることもあってか、土壌診断ではカリ過剰と出ます。そこで私が使っているのは15−15−3という、カリを大幅に減らした肥料（「野菜専用N553」）。洗馬農協オリジナルで、20kgでだいたい2300円くらい。農協で一番安い肥料ですが、苦土やマンガン、ホウ素も入っています。

リン酸も減らした「L型肥料」を使おう、という指導もありますが、うちの畑は火山灰土壌なので大幅には減らせません。リン酸が効かないと、やっぱり玉伸びしませんから。

鶏糞と緑肥でチッソとリン酸も減らす

ただし、以前と比べて化学肥料の使用量は減っています。1袋200円の鶏糞（4−3−2）も愛用していて、その分を減らしているわけです。チッソでいえば鶏糞5袋で化学肥料1袋分、約1300円の節約です。1袋3000円するリン酸肥料の**重焼リン**もやめました。

また、緑肥にもチッソ効果が期待できます。長野県農業試験場の最近のデータでは、ライムギが30cmまで育てばチッソ分で10a当たり約20kgあるそうです。すぐに効くのはその5分の1だと考えても、4kgはチッソを減らせます。これらのおかげで、トータルの肥料代はおよそ3割安くなりました。（談）

（23ページに関連記事）

緑肥を愛用する中野春男さん。高原野菜産地でレタスやハクサイなどを栽培

中野さんのレタス畑。
左側の通路には緑肥の
マルチムギ

チッソ肥料の肥効の話

Q ○○日タイプと書いてある肥料がある。書いてないのは何日間効くの？

速効性の硫安で15日、化成肥料で30日が肥効の目安。緩効性肥料ならもっと長く、1年以上効くものもある。

硫安や尿素は3分で溶けてしまう

　左図は大手肥料メーカー、ジェイカムアグリ㈱が紹介する肥料ごとの肥効日数だ。肥料が作物に効く期間のことで、**硫安**は15日、化成肥料なら30日とある。聞けば、これはだいたいの平均。実際の肥効は、土壌条件によって全然違うんだとか。

　例えば硫安や尿素を施肥すると、十分な水と温度があれば、じつは3分くらいで土の中の水分に溶けてしまう。あっという間になくなってしまいそうだが、溶け出したアンモニアは土壌粒子にくっつくので、その後もしばらく作物が吸える（70ページ）。砂質畑など、肥料をくっつけておく力が弱い土壌なら、その肥効は短くなるというわけだ。

　化成肥料の中のチッソは、溶けにくいリン酸やカリと混ざった化合物になっているため（38ページ）、溶け出すのにもう少し時間がかかる。マグネシウムを含むと、さらに溶けにくくなり、その分肥効も延びる場合もある。

緩効性肥料には2タイプ

　緩効性肥料では、**IB化成**（**IBチッソ**）や**CDU**が60～90日、コーティング肥料の**LPコート**や**ロング**（どちらもジェイカムアグリの商品）は自在に調節できて最大700日の肥効を誇るものまである。

　東京農業大学の村上敏文先生によると、緩効性肥料は大きく2つに分けられる。1つは原料そのもの

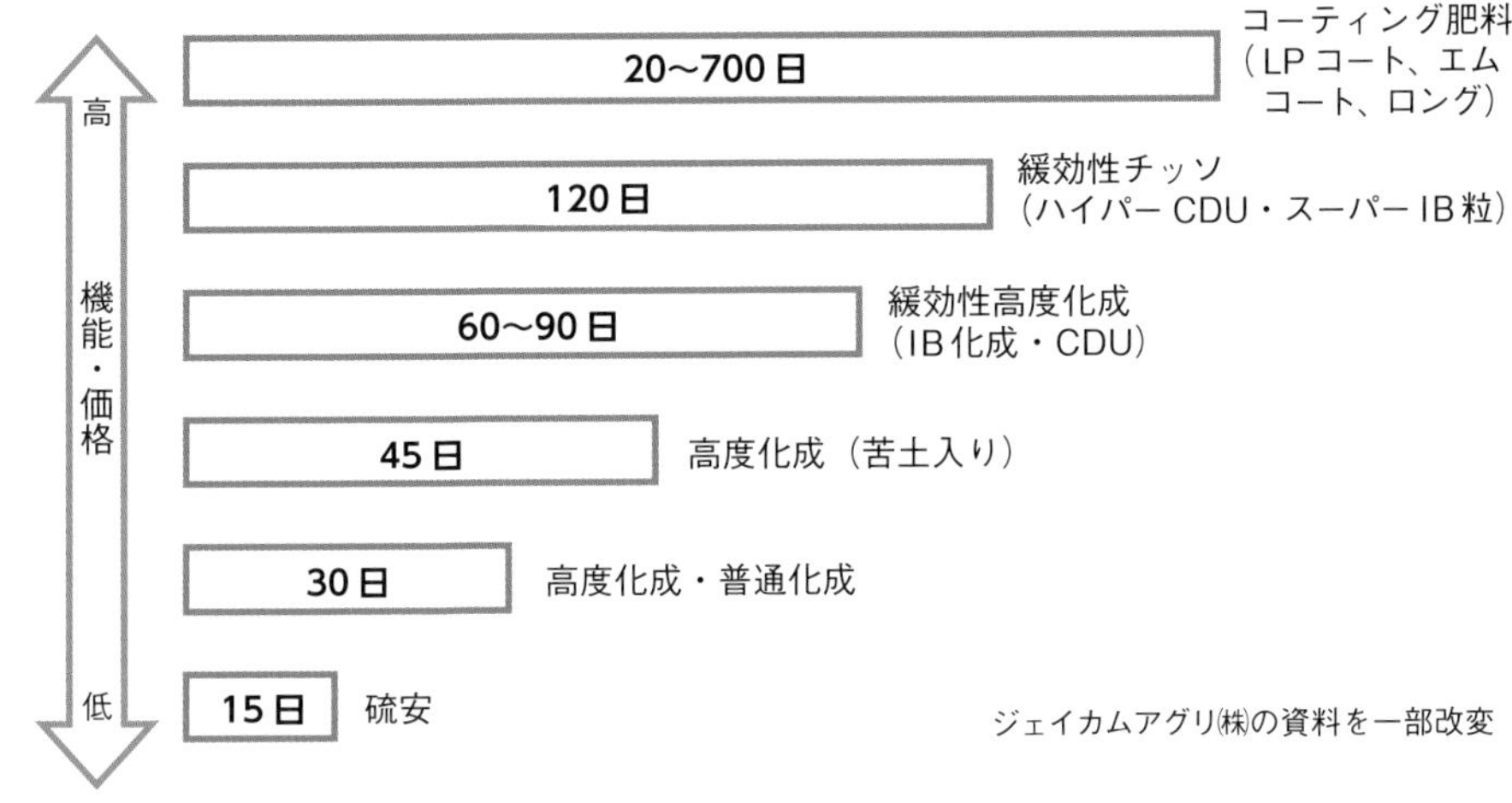

が分解されにくいタイプで、IB化成やCDUのほか、**ウレアホルム、グアニル尿素（GUP）、オキサミド**がある。いずれも水に溶けにくく、土壌中で少しずつ水や微生物によって分解される。「化学合成緩効性チッソ肥料」とも呼ばれ、魚粕や油粕などの有機肥料と似た肥効になるよう開発されたものだとか。

コーティング肥料一覧

分類	メーカー・販売社	シリーズ名
樹脂系	ジェイカムアグリ	ＬＰコート、エムコート、ロング
	エムシー・ファーティコム	ユーコート
	セントラル化成	セラコート
	片倉コープアグリ	シグマコート
硫黄（無機系）	サンアグロ	硫黄コート

※同じシリーズの中にリニア型やシグモイド型の肥料がある

コーティング肥料（肥効調節型）の溶出パターン

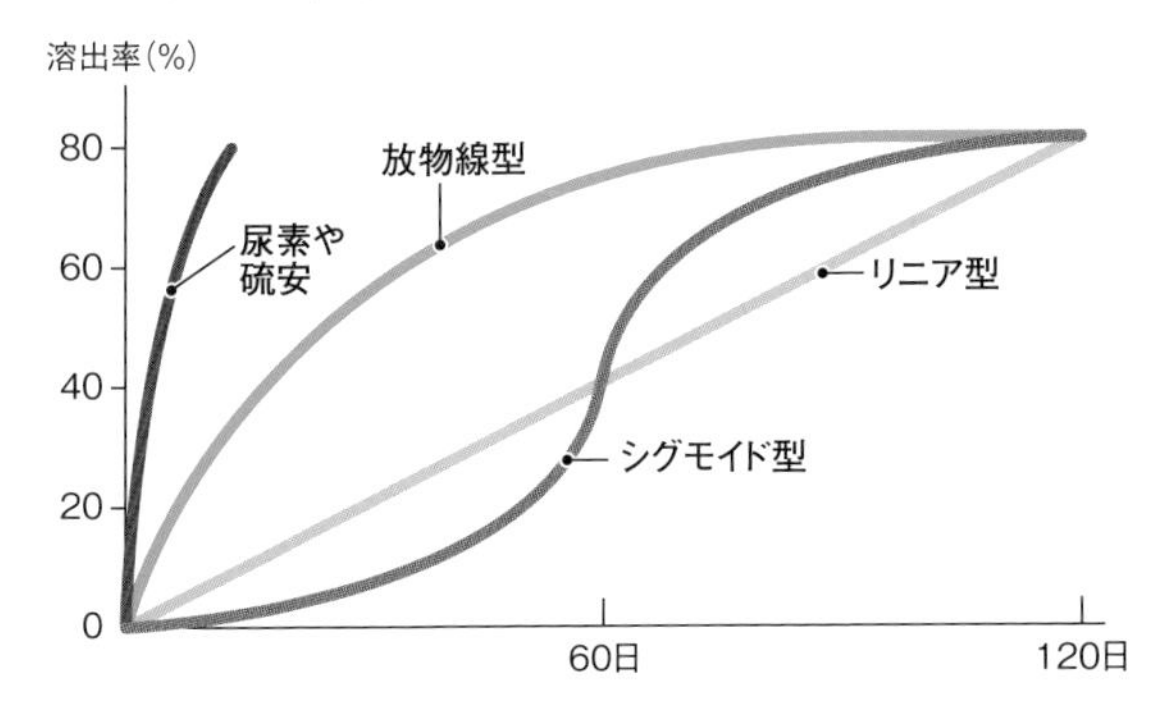

もう1つがコーティング肥料で、合成樹脂や硫黄でくるまれた成分が少しずつ溶け出してくるタイプ。肥効日数が比較的正確にコントロールできるのが特徴で、より長く効く。施肥後すぐから肥効が現われる「放物線型」や「リニア型（直線型）」と、最初は効かずに徐々に肥効が出る「シグモイド型」とがある。作物の成長曲線に沿って効くシグモイド型のほうが人気だが、値段は高い。苗に使っても根傷みを起こさないので、最近は水稲の苗箱に入れる一発肥料にも使われている。前ページにおもなメーカーから出ているコーティング肥料を一覧にしてみた。

ジェイカムアグリの商品の場合、商品名にSがつくのはシグモイド型、Lがつくのはリニア型。後に続く数字は成分の溶出期間を表している。例えば「LP尿素S100」であれば、シグモイド型の被覆尿素で、100日タイプ。○○日タイプというのは、25℃の水に成分の80％が溶け出すまでの日数のこと（緩効性肥料の○○日タイプという意味）。ちなみに、冠につく「LP」とは、「ロングプレーヤー」の略だ。編

A 硫安は3日でドーンと効いてきます。

熊本県八代市・入江健二

追肥の効き始めは葉色の変化で見る

イネに硫安を追肥すると、3日で葉に変化がある。ドーンと効いてくるのがわかります。といっても、そう劇的な変化じゃありませんよ。葉色板で3だったのが5になるわけじゃない。せいぜい3・5になるくらいの、微妙な変化です。それが1週間もすれば、4から4・5くらいになって、誰が見ても違いがわかるようになる。そういう変化です。

トウモロコシは同じイネ科ですが、もともと元肥多め、葉色濃いめでもっていくこともあって、そこまでの変化は見えません。どうかな、1週間たって0・5上がるかな、という程度です。それでも、やるのとやらないのとでは全然違う。うちはハウスで促成栽培なので、もともとそんなに大きなトウモロ

コシをつくるほうじゃない。でも、追肥するようになって、MがLに、Lが2Lに肥大するようになりました。

トウモロコシで大雨など緊急時に使う**硝酸カルシウム**のチッソは、硫安以上に速効的に効きます。硫安は土中でアンモニアと硫酸に分かれて、アンモニアが亜硝酸化成菌によって亜硝酸に変化。それが硝酸化成菌によって硝酸に変わって、作物に吸われるという段階がある。硝酸カルシウムのチッソは、その分解過程を飛ばして吸われるから、効きが早い。

冬は70日タイプのLPがもっと長く効く

うちのレタスはマルチ栽培なので、追肥ができません。だから元肥には**オール14**のほか、長く効く**CDU**とか**LPコート**を使っています。

オール14は速効性ですが、硫安ほど早く効くわけじゃありません。中身は燐加安とか硫加燐安とかの化成肥料ですから、アンモニアに分解されるまでにワンステップ踏むからじゃないですかね。

その肥効が切れる頃から効くのがCDUやLPコートなどの緩効性肥料。LPコートは2タイプ、秋作は45日、冬春作は70日タイプを使っています。冬作は収穫まで110日くらいかかりますから、少し長く効くタイプを選んでいるわけです。110日の生育期間に対して70日の肥効じゃ短いようですが、これって25℃の土中で溶ける日数のことでしょ。だから、寒い冬場なら70日以上効くんです。農薬散布の際に安い液肥を混ぜているし、ちゃんと最後まで玉伸びしますよ。

レタスの元肥には有機質肥料も混ぜています。サトウキビの搾り粕に硫安を混ぜたもので、アミノ酸が入ってます。アミノ酸も微生物に分解されて、後々じわじわ効いてくれる緩効性肥料です。（談）

（44ページ）

入江さんと奥さん。ハウス1.5haと露地でレタスとスイートコーン、イネを栽培（田中康弘撮影）

肥料の保証成分に「有機態チッソ」と書いてある。「アンモニア性チッソ」や「硝酸性チッソ」とはどう違う？

硝酸やアンモニアは速効性、有機態チッソは緩効性です。

東京農業大学・村上敏文

微生物に分解されて効く有機態チッソ

有機態チッソとは、タンパク質やアミノ酸に含まれているチッソのこと。これらは土の中で微生物によって分解されてから植物に吸収されます。タンパク質はまずアミノ酸に分解されたあと、アンモニア態チッソ（こう呼ぶことが多いが、肥料袋にはアンモニア性チッソと書いてある）になります。アンモニア態チッソは、水田ではそのままイネに吸われ、酸素が多い畑ではさらに硝酸態チッソに変わって作物に吸われます。

こんな分解の過程があるため、有機態チッソは肥効が出るまでに時間がかかるのです。有機栽培でなくとも、作物をじっくり育てたければ、有機態チッソを含む肥料を選ぶといいかもしれません。

尿素は有機態の仲間だけど速効性

尿素も有機態チッソの仲間です。人の体内でもつくられるくらいですからね。しかし尿素は微生物の働きでただちにアンモニアに変わるので、速効性肥料といえます。夏の暑いトイレで強いアンモニア臭がするのは、おしっこの中の尿素が微生物によって分解され、アンモニアガスが発生しているためです。

尿素は「副成分」（32ページ）がなく、チッソの割合が46％と非常に高い肥料です。散布量が少量ですむというメリットがあるいっぽう、ハウスなどで大量に使うと、アンモニアガスが発生して作物に障害が出ることもあるので注意が必要です。（談）

A 鶏糞や緑肥のチッソは80日タイプ。

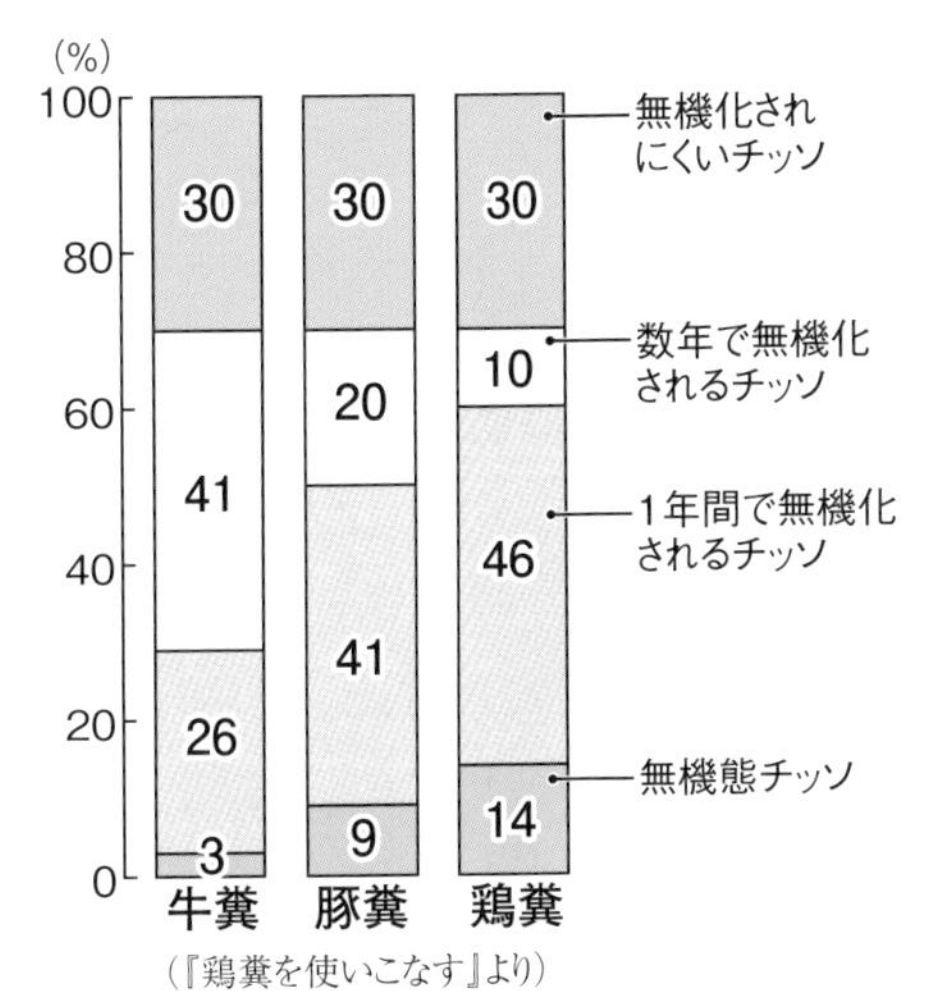

（『鶏糞を使いこなす』より）

NPK 4-5-3でカルシウムも13%。緩効性主体で速効性チッソも含む。鶏糞はバランスのいい肥料デスネ

14-14-14

長野県塩尻市・中野春男

私が愛用する鶏糞や緑肥のチッソは、すぐ効く分は一部で、大部分はのちのちゆっくり効いてきます（16ページ）。試験場の先生によると、鶏糞は80日タイプ、緑肥も似たような効き方をするそうです。翌年以降に効く分もあります。どちらも緩効性のチッソということです。

緑肥を毎年すき込んでいると、化学肥料のもちもよくなるようです。特に今年はその効果を感じています。とても暑くて雨が降らない日が続きましたが、肥料の効きが悪くないんです。ハクサイの肥料について試験する中で私の畑の土を調べてもらうと、県内の他の4カ所の畑よりも「水分量が多い」と出たそうです。ライムギやソルゴーの残渣、発達した土壌団粒が水を抱え込んでいるんじゃないでしょうか。

肥料の効きがいいのは、そのおかげかもしれません。水がなければ、根は肥料を吸えませんから。チッソの肥効は、土づくりによっても変わるということですかね。（談）

尿素と硫安、どっちを選ぶ？

安いチッソ肥料の代表格、尿素と硫安。チッソをやりたいときにどちらを選ぶか。肥効以外にも判断のポイントがいろいろあるようだ。3人の農家に聞いてみた。

量が少なくてすむ尿素がメイン、遠くにまきたいときは大粒硫安

岡山県赤磐市・大森尚孝さん

　イネの追肥はもっぱら尿素。チッソの含有量（46％）が多いけん、散布量が硫安（チッソ21％）の半分ですむ。

　ただ、動散でまくとき、粒が大きい硫安のほうがより遠くへ飛ぶの。じゃけん、短辺40m以上の田んぼの中央にまくときだけは、硫安を使いよる。

78歳、水田140 a。動散にひねり雨どい噴口をつけて肥料散布の飛距離を延ばす。小まめな追肥で毎年1等米を10俵以上とる（依田賢吾撮影）

尿素を水に溶かして葉面散布、冷却効果で夏秋ダイコンにはいい

大分県竹田市・戸井田拓也さん

51歳、20haの畑で業務用ダイコンを周年栽培。糖度計診断で生育を見ながら追肥を調整

生育を見てチッソが必要なら、尿素を500～1000倍に溶かして葉面散布する。尿素は溶けるときに熱を奪う性質があるから、溶かした水に手を入れるとひんやりする。暑さが厳しい時期に生育する夏秋ダイコンの場合、多少なりともストレスを減らせていいよね。

ただ、チッソを吸わせると、害虫を呼びやすくなる点には注意している。虫が多くなる時期なら早めに防除したりとかね。

硫安ならまきすぎない、尿素はガスで黄変落葉することがある

埼玉県白岡市・長谷川茂さん

9月ごろに礼肥として、ナシ畑に反当1袋の硫安を手で散布する。尿素だと散布量がこの半分。ちょっと少なすぎて、ムラなくまくにはやりづらいね。硫安ならまきすぎを防げる。

それと尿素は、畑にまいてからしばらく雨が降らずにいると、朝露に濡れたタイミングでガスを出すみたい。このガスで葉が黄変したり、落葉することがある。硫安はその心配がないのもいい。

66歳、ナシ約90ａ。秋の礼肥は高品質・安定収量を実現するポイントの1つ。貯蔵養分を木にしっかり蓄えさせるのが狙い

図解 単肥チッソの長所と短所

新規就農3年目のコヤシくん。チッソ含有量が多くてお得だからと、トウモロコシの元肥に尿素を使ったら、枯れてしまった。それ以来、チッソが怖い。ベテラン農家のユタカさんが、単肥チッソのイロハを教えてくれるそうだ。

代表的な単肥チッソはこのあたり。それぞれの特徴を見ていこう

ベテラン農家:ユタカさん

新規就農者:コヤシくん

単肥チッソのいろいろ

尿素 N-46 46%

成分：**尿素**（CH_4N_2O）

チッソ肥料の中では、チッソの含有量がべらぼうに多く、値段も安い。中身は、尿素態チッソ。土壌微生物に分解されることで、アンモニア態チッソになり、土に吸着されながら作物に利用される

硫安 N-21 21%

成分：**硫酸アンモニア**（$(NH_4)_2SO_4$）

チッソ成分は尿素の半量以下だが、成分の低い硫安のほうが散布ムラが出にくいのでまきやすいという人もいる。土中でアンモニア態チッソと硫酸根（硫酸イオン）に分解する

尿素態チッソ

硫酸根のオマケつき!

成分：**硝酸アンモニア**（NH_4NO_3）

尿素に次いでチッソの含有量が多い。土中でアンモニア態チッソと硝酸態チッソに分解。硝酸態チッソは作物にすぐ効くが、マイナスイオンなので土に吸着されず、水で流れやすい

塩 安
N-25
25%

成分：**塩酸アンモニア**（NH_4Cl）

土中でアンモニア態チッソと塩酸根（塩素イオン）に分解

単肥チッソの吸われ方

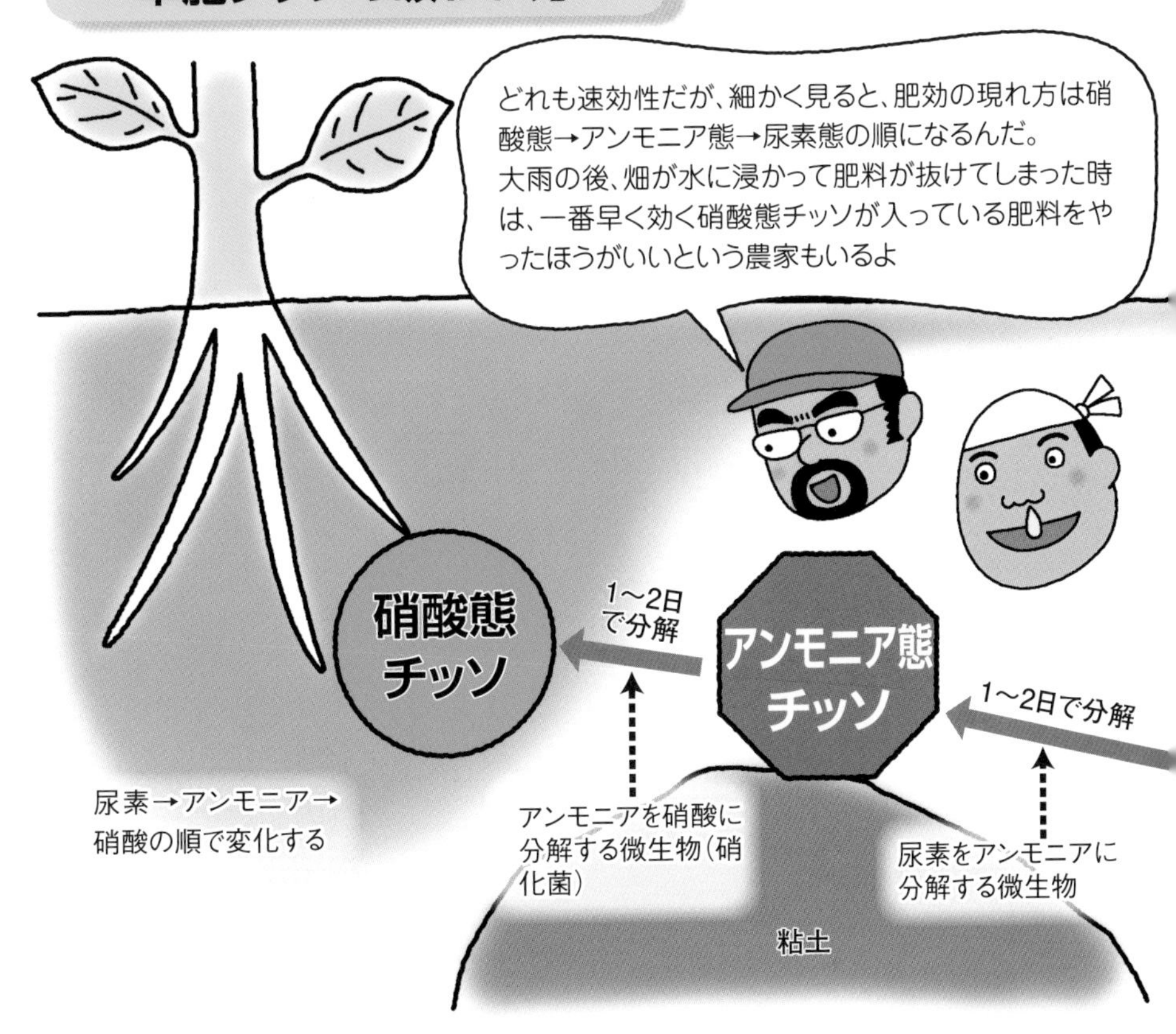

副成分の功罪

硫酸根

欠点 …土を酸性化する、根腐れの原因になる

土中のpHを下げるのは、硫酸根が土の中を不安定なまま漂っているから。カルシウムがあると、硫酸カルシウム(石膏)となって安定する。水田では、還元状態になると硫化水素(H_2S)ができて根腐れの原因になる

利点 …硫黄は作物の必須元素

硫酸根に含まれる硫黄(S)は、じつは作物の必須元素でもある。タンパクの主要構成成分なのだ。硫黄が不足すると、生長点付近から黄色くなって、下位葉にだんだんと広がる。症状はチッソ欠乏に似ている

塩酸根

欠点 …土を酸性化する、収穫物の味を悪くすることがある

塩酸根も不安定なまま漂い、土を酸性化する。塩素が繊維質をつくる材料となり、イモ類や根菜類の食感が悪くなるといわれている

利点 …繊維を強化、病害虫に強くする

塩酸根の塩素は、イネを倒伏に強くしたり、繊維を強くしてタケノコやワタなどの品質をよくするといわれている。また、塩素は病害虫抵抗性を高めるという研究もある

尿素の欠点

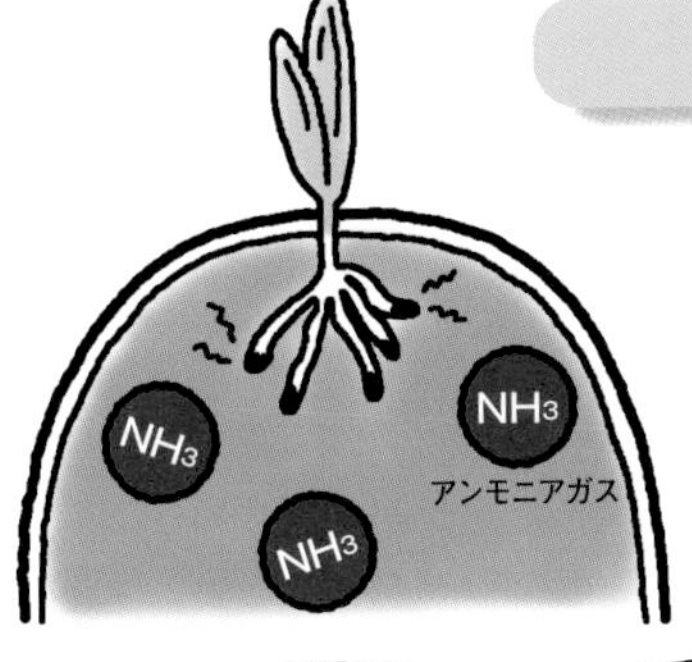

アルカリ土壌への多量施用で、アンモニアガスが発生。これは、尿素が微生物により、尿素→アンモニアと変化するから。アンモニアは、土が酸性だと水によく溶けるので気化しないが、アルカリ性ではアンモニアガス（NH_3）になることがわかっている。アンモニアガスは根を傷める。マルチすると、ガスが抜けにくい

リン酸やカリの溶けやすさの話

ク溶性リン酸のクって、なんのク？

A クエン酸です。つまり、根酸でじわじわ溶けるリン酸のこと。

東京農業大学・村上敏文

おもな肥料の肥効と溶解性

	肥料名	肥効	保証成分量（%）	
			水溶性（可溶性）	ク溶性
リン酸	過リン酸石灰	速効性	14 ～ 17 （17 ～ 20）	–
	熔成リン肥	緩効性	–	20 ～ 25
	リンスター		5	30
	重焼リン （苦土重焼リン）	速効性 緩効性	16	35
カリ	塩化カリ	速効性	58 ～ 62	–
	硫酸カリ		48 ～ 50	–
	重炭酸カリ		46	–
	草木灰		5	–
	サルポマグ	緩効性	48 ～ 50	–
	ケイ酸カリ		–	20
苦土	硫マグ	速効性	11 ～ 32	–
	水マグ	緩効性	–	50 ～ 60
マンガン	硫酸マンガン	速効性	20 ～ 36	–
	鉱さいマンガン	緩効性	–	10 ～ 27
	炭酸マンガン	緩効性	（35 ～ 38）	11 ～ 13

※重焼リンは水溶性とク溶性を両方含むため、速効性と緩効性を兼ね備えた二刀流肥料

リン酸やカリ、マグネシウム（苦土）やマンガンなどの肥料成分は、溶けやすさ（溶解性）で「水溶性」「可溶性」「ク溶性」に分類されます。

リン酸の場合、「水溶性リン酸」は、水に溶けるリン酸分。「可溶性リン酸」は、水には溶けないけれどクエン酸アンモニウムという液に溶けるリン酸と水溶性リン酸の合計で、どちらも溶けやすく速効的といえます。いっぽう「ク溶性リン酸」は少し溶けにくい。作物の根が根酸を出したときに初めて溶け出してくるリン酸です。根酸を想定して2％のクエン酸液に溶けるものを測定します。

溶けやすい水溶性リン酸と可溶性リン酸は、土壌中でアルミニウムや鉄とくっついて溶けにくくなってしまう（不溶化）という欠点があります。いっぽう、ク溶性リン酸は、溶け出しが遅いぶん初期の肥

効は低いものの不溶化しにくく、雨による流亡も少ないため、効果を長く維持できます。

火山灰土のように、アルミニウムや鉄が多い畑では、おもにク溶性リン酸を含む**熔成リン肥**がおすすめです。不溶化が起きにくい沖積土や台地土では、安くて速効性の**過リン酸石灰**などがいいでしょう。**重焼リン**はク溶性と水溶性の両方を含むので、それぞれの欠点を補うことができます。（談）

カタログのリン酸肥料一覧に載ってたWP、CP、SP、TP……。このアルファベットって何の略？

A 保証成分の略称です。肥料の溶けやすさがわかります。

例えばWPは水溶性リン酸のこと。「水に溶ける」を意味するウォーターソリュブルのWとリン酸のPだ。Cはクエン酸（Citric acid soluble）のことなので、CPはク溶性リン酸。SPは可溶性（ソリュブル）リン酸。TPはその肥料に含まれるリン酸全量、トータルのTである。よく目にするのを一覧にしてみた（下表）。

いっぽう、チッソはすべて水溶性なので、表記パターンがちょっと違う。例えばANはアンモニア態チッソのこと。アンモニアのAとチッソのNだ。NNは硝酸態チッソで、最初のNはナイトレイト（Nitrate：硝酸塩）。TN（トータルチッソ）にはアンモニア態も硝酸態も、有機態も無機態も全部含む。編

肥料の保証成分のおもな略称

リン酸	WP	水溶性リン酸
	SP	可溶性リン酸
	CP	ク溶性リン酸
	TP	リン酸全量
カリ	WK	水溶性カリ
	CK	ク溶性カリ
	TK	カリ全量
苦土	WMg	水溶性苦土
	CMg	ク溶性苦土
マンガン	WMn	水溶性マンガン
	CMn	ク溶性マンガン
ホウ素	WB	水溶性ホウ素
	CB	ク溶性ホウ素
チッソ	AN	アンモニア態チッソ
	NN	硝酸態チッソ
	TN	チッソ全量

副成分の話

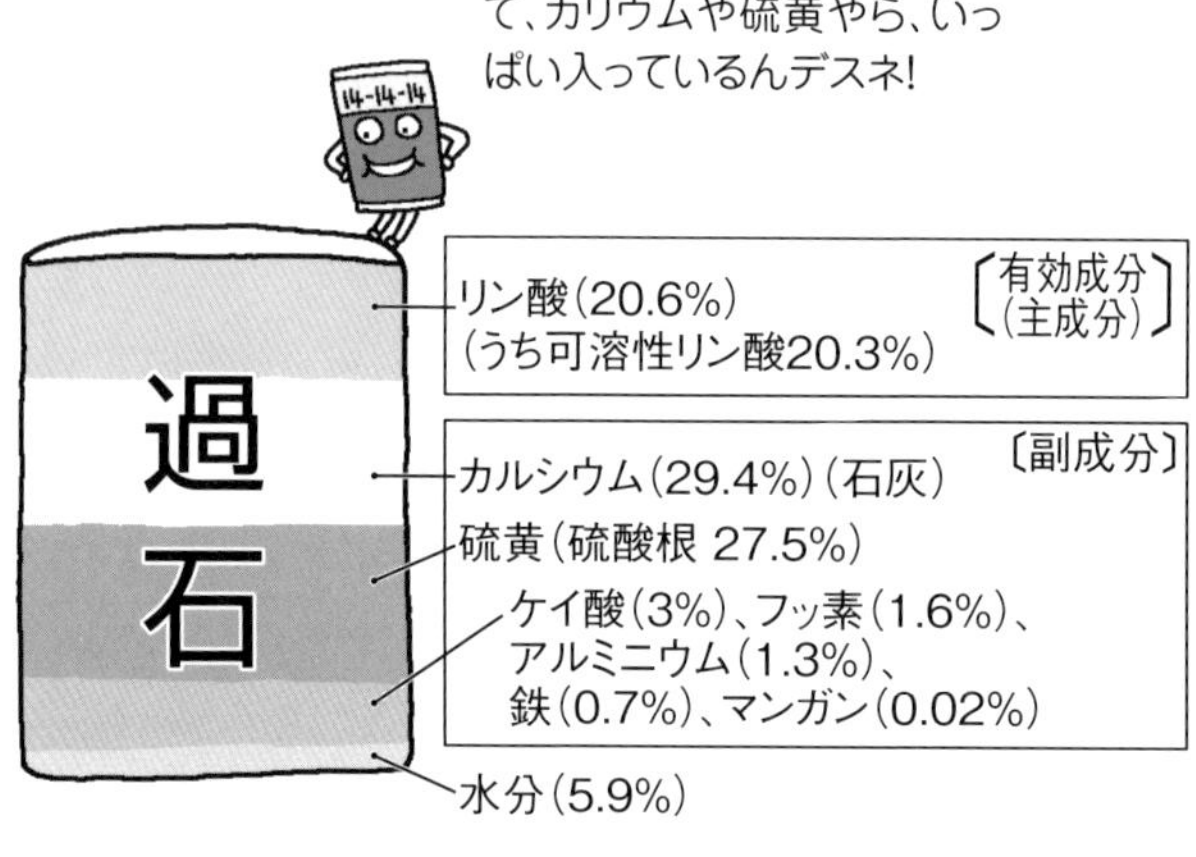

過リン酸石灰の成分例
(すべて足しても100%にはならない)

Q 肥料の副成分ってなに? 作物に効くの?

A 副成分は役に立ったり悪さをしたりする。でも、肥料袋には書いてません。

過リン酸石灰はリン酸・石灰・硫黄肥料

肥料にはチッソ、リン酸、カリなど「有効成分」(主成分)の他に、多くの「副成分」が含まれている。保証票に表示できるのは三要素以外に、カルシウム、マグネシウム、マンガン、ケイ酸、ホウ素の8種類のみなので、副成分は肥料袋に書いていないことも多い。しかし、東京農業大学の村上敏文先生によると、副成分は役に立ったり悪さをしたり、知っておけば得することもあるという。

例えば**過リン酸石灰**(**過石**)は主成分として可溶性リン酸(30ページ)を15~20%含むほかに、副成分として**硫酸カルシウム**(**石膏**)を50~60%も含んでいる。副成分といっても、硫酸カルシウムはそれ自体が流通している立派な肥料だ。土中で少しずつ溶けて、カルシウムと硫黄(硫酸根、硫酸イオン)

の供給源になってくれる。水稲では初期生育に硫黄が欠かせないというし（133ページ）、北海道ではジャガイモに硫酸カルシウムの石灰を効かせて、収量・秀品率アップに役立てている。過リン酸石灰はリン酸肥料であると同時に、硫黄肥料、カルシウム肥料としても働いてくれるのだ。

高ECによる根傷みに注意

一方で、副成分が悪さをする場合もある。例えば、**塩化アンモニア（塩安）**や**塩化カリ（塩加）**の副成分である塩素。塩素は土中のカルシウムと化合すると、融雪剤としておなじみの塩化カルシウムになる。これは、非常に溶けやすい塩のようなもので、多量になると土壌中のＥＣが上がって、作物に濃度障害を起こしたりするおそれがある。

塩素は他にも、例えばイモ類に使うと繊維が増えてしまうとか、モモでは実が硬くなるといわれ、敬遠する農家も多い（最近、モモに塩化カリを使っても問題ないという試験結果も出た）。

また、田んぼで**硫安（硫酸アンモニア）**や過リン酸石灰が使われなくなったのも、副成分の硫黄（硫酸根が60％程度含まれる）が根傷み、秋落ちの原因になるとされてきたからだ。

ちなみに、副成分とは主成分以外の肥料成分のこと。炭素や水素、酸素など、いわゆる肥料成分には当たらないものや、有害な重金属などは副成分とは呼ばない。（編）

A 副成分が硝酸ならチッソ肥料が減らせる。

熊本県宇城市・**高木理有**

副成分がチッソの単肥を選ぶ

うちでトマトの追肥に使うのは、主に**硝安（硝酸アンモニア）**、**硝酸カリ**、**燐安（リン酸一アンモニア）**、**硝マグ（硝酸マグネシウム）**。ぜんぶ単肥。出来合いの複合肥料を使えばコストは3倍くらいになるだろうから、単肥以外は考えられん。

硝安は硝酸態チッソとアンモニア態チッソをそれぞれ17・5%ずつ含むチッソの単肥。主成分も副成分もチッソというわけ。硝酸カリは主成分が水溶性カリ46%で、副成分が硝酸態チッソ13%。リン酸肥

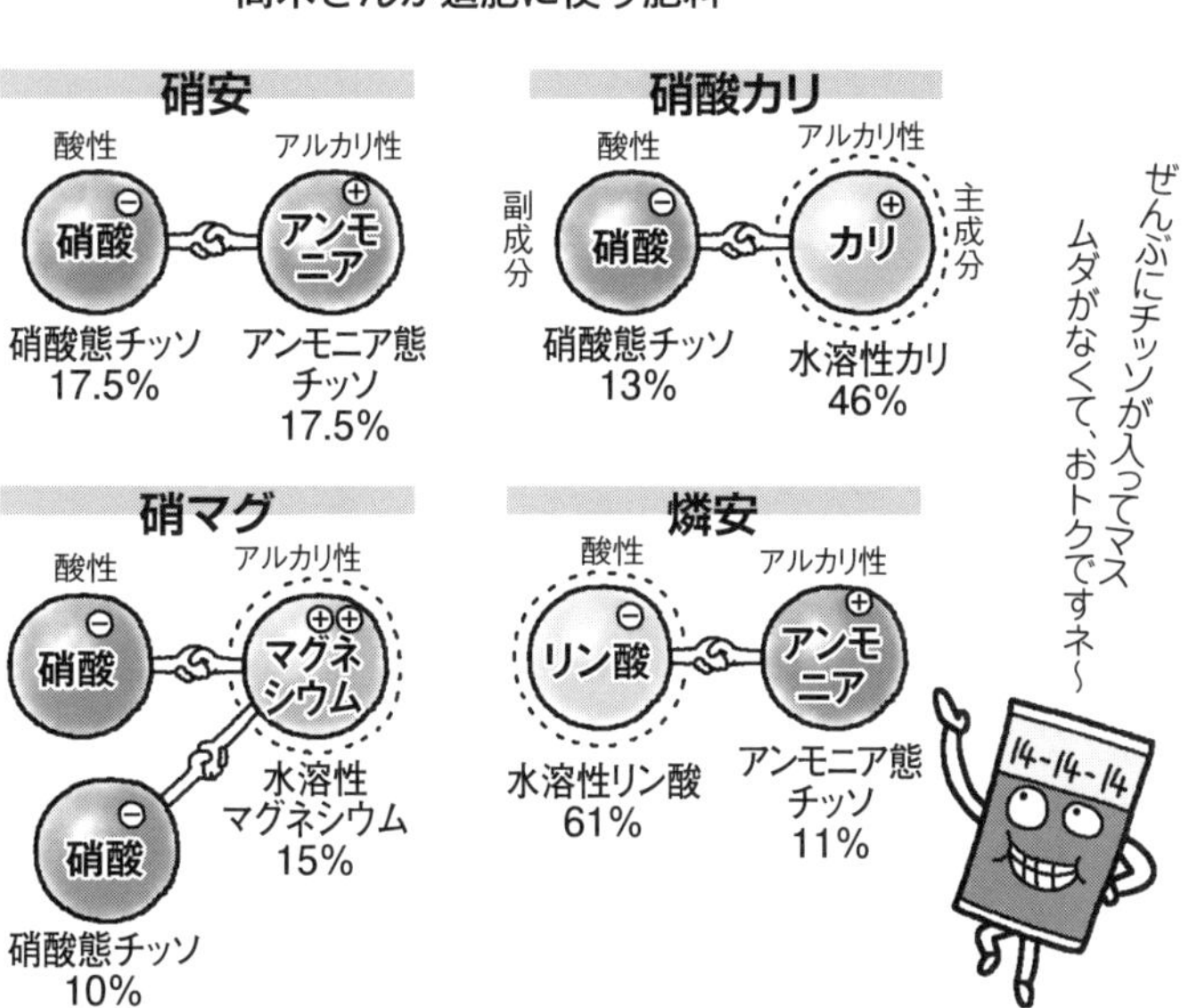

ミニトマトを90 aのハウスで栽培する高木理有さん。資材情報にめっぽう強い（赤松富仁撮影）

料の燐安は水溶性リン酸61%に、副成分がアンモニア態チッソ11%。硝マグは水溶性マグネシウム15%に硝酸態チッソ10%。

つまりうちは、どれも副成分がチッソの単肥を選んどるわけ。施肥設計する際は、当然、副成分も計算に加えるから、その分はチッソ単肥（硝安）を減らせる。ムダがない。

塩化カリは尻腐れを起こす

単肥は必ず、アルカリ性の成分と酸性の成分をくっつけて安定させてある。硝酸カリでいえば、アルカリ性のカリと酸性の硝酸がくっついとる。

副成分は硝酸のほかに、硫酸と塩酸の性質だけ覚えとけばよか。この副成分によって、肥料の性格が変わる。炭酸や重炭酸が副成分の肥料もあるけど、

まあよかろ。

例えばカリなら、溶けやすさでいえば塩化カリ、硝酸カリ、硫酸カリの順。つまり、一番速効性があるのは塩化カリというわけ。その分、土のＥＣが上がりやすい。

価格でいえば、安い順に塩化カリ、硫酸カリ、硝酸カリ。海外から塩化カリの形で輸入されて、そこに硫酸を加えたのが硫酸カリ、硝酸ナトリウムを反応させたのが硝酸カリ。製造過程がシンプルなほど安い。硝酸カリは少し高価だけど、副成分のチッソも効くから、その分を考えれば安いっちゅうわけ。

それにハウストマトの場合、ＥＣが上がるとカルシウムが吸われにくくなって、尻腐れが出やすくなるから追肥としては塩化カリは使えない。硫酸系もできれば使いたくない。硫酸根が土に残るとpHが下がる。硫酸根が原因で、石灰が過剰なのに、土壌診断でpHが低く出るケースもある。（談）

（51ページ）

硫黄はタンパクをつくる成分。イネの分けつが旺盛な茎肥までは硫安でチッソ補給する。

福島県須賀川市・薄井勝利

副成分で重視するのは、やはり硫黄だな。硫黄はチッソとともにタンパクをつくる成分で、イネの分けつには欠かせない。だから、オレは茎肥までは**硫安**でチッソ補給する。穂肥の時期は分けつも止まるから、副成分がない**尿素**でＯＫ。

日本は火山国で、硫黄が豊富にあるからわざわざ施用しなくてもいいといわれる。ふつうのイネならそれでいいが、我々のように多収をねらう農家は、硫黄を補給してやる必要がある。

それと、茎肥でやる**過リン酸石灰**にも硫黄は含まれている。過石はカルシウムも約30％含んでる。リン酸だけの肥料じゃないんだよ。普及所からは元肥に苦土石灰をふるように指導されているが、カルシウムは過石を10ａに40㎏ふれば、それで十分だ。（談）

肥料をまくと、土が酸性になっちゃうの？

硫安だとpHが下がるけど、尿素ならその心配はない。副成分しだいです。

硫酸根と塩素がpHを下げる

確かに、チッソ肥料をまきすぎると、土が酸性に傾くイメージがある。実際、33ページの高木理有さんが気にしていたように、**硫安**は土のpHを下げる。pHがあまり下がると、カルシウムやマグネシウム、リン酸などが吸われにくくなってしまう。

pHに影響するのは、肥料の副成分（32ページ）だ。肥料をふると、主成分の多くは作物に吸収されるが、副成分の吸収量はその種類によってまちまち。硫安の場合、副成分の硫酸根は主成分のアンモニア（チッソ）に比べて吸われにくく、土に残って酸性に傾けてしまう（左図）。**塩安**の場合も、副成分の塩素が残って、同じくpHを下げる。どちらもよく使う肥料だけに、注意したいところだ。

一方で、同じチッソ肥料でも**尿素**はpHを下げにくい。土壌中で分解された尿素は炭酸アンモニアとなり、主成分のアンモニアが作物に吸われる。ここまでは硫安と同じだが、尿素の場合は副成分の炭酸イオンがすぐに水と二酸化炭素に分解されてしまうので、土を酸性に傾けずにすむわけだ。

化学的に中性でも、土の中では酸性!?

硫安のように土のpHを下げる肥料は「生理的酸性肥料」、影響しない尿素は「生理的中性肥料」と呼ばれる。消石灰など土のpHを上げる肥料は「生理的アルカリ性肥料」だ。

ただし、施用前の硫安を水に溶かしてpHメーターで測ってみると、これは中性を示す。硫安は、化学的な性質としては中性の肥料なのだ。

肥料にはこのように土に入れる前の「化学的性

硫安が土を酸性に傾けるしくみ

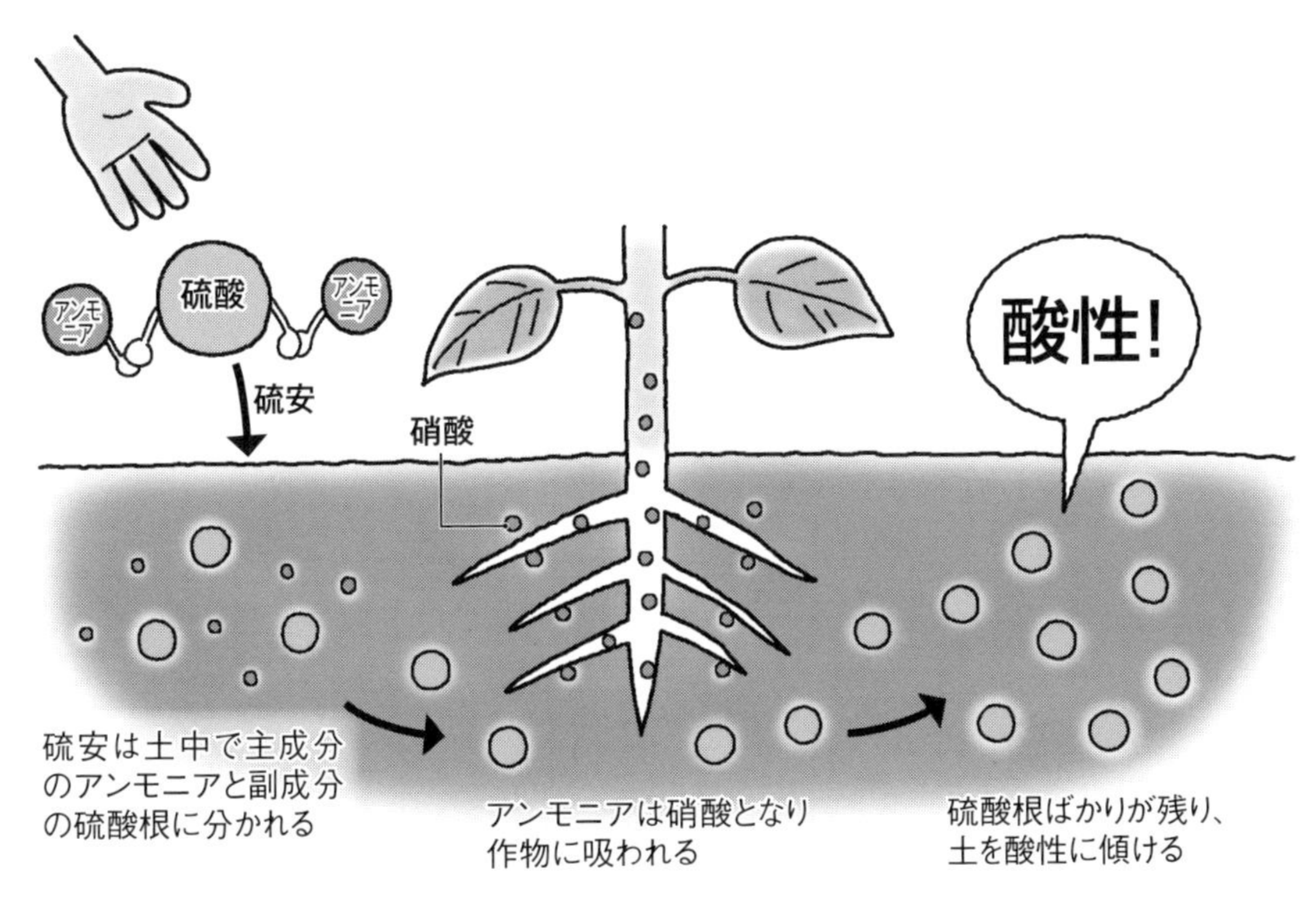

pHに基づいた主な肥料成分の分類

化学的性質		生理的性質
酸性	過リン酸石灰	中性
酸性	重過リン酸石灰	中性
中性	硫酸アンモニア	酸性
中性	塩化アンモニア	酸性
中性	硫酸カリ	酸性
中性	塩化カリ	酸性
中性	硝酸アンモニア	中性
中性	硫酸苦土肥料	中性
中性	尿素	中性
塩基性	消石灰	アルカリ性
塩基性	石灰チッソ	アルカリ性
塩基性	熔成リン肥	アルカリ性

質」と土に入れた後に示す「生理的性質」がある。肥料袋によく「酸性土壌の酸度矯正に役立ちます」などと書かれているのは「生理的性質」を表したものだ。主な肥料の分類は表の通り。ちなみに、化成肥料の多くは硫酸根や塩素を含むため、土を酸性に傾ける生理的酸性肥料だ。編

肥料の分類の話

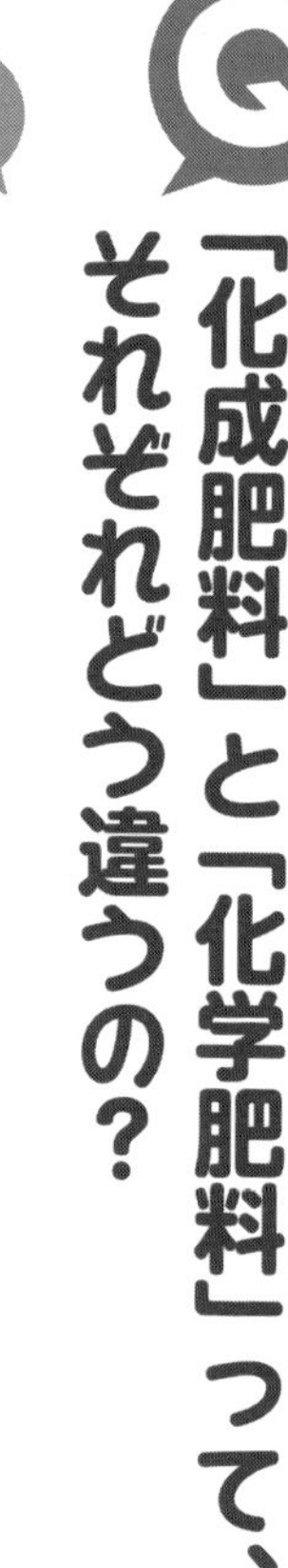

Q 「配合肥料」、「化成肥料」と「複合肥料」と「化学肥料」って、それぞれどう違うの？

A 肥料の種類を一覧にしてみました。

こうした肥料の区分には、法律による定義がある。肥料取締法の「公定規格」によると、肥料は左ページ表のように細かく分類されていて、大きくは「普通肥料」と「特殊肥料」に二分される。普通肥料は「単肥」や「複合肥料」などに分かれて、それぞれまた細分化されている。「チッソ肥料」の中でも、例えば「硫酸アンモニア（硫安）」であれば、アンモニア性チッソを20・5％以上含むことなどが細かく規定されている。とてもすべては紹介できないが、普通肥料の規格は156種類にもなるそうだ。

今回の特集で登場している肥料は、だいたいこの普通肥料だ。登録と届け出なしには生産、輸入、販売できないことになっていて、肥料袋には必ず8ページで紹介したような「保証票」がある。

質問に戻って、肥料の種類の分け方をもう少しわかりやすくすると、左図のようになるだろうか。じつは「化学肥料」については法律上の明確な定義がなく、一般的には、化学的に合成された無機質肥料のことをいう。 編

肥料の種類

分類		資材の種類、内容	肥料の例
普通肥料	単肥	チッソ肥料、リン酸肥料、カリ肥料	硫安、尿素、過石、熔リン、塩化カリ等
	複合肥料	化成肥料（高度化成、低度化成）、配合肥料（指定配合肥料を含む）、その他複合肥料（成形、液状複合肥料等）	オール14、オール8、有機配合○○肥料、BB肥料等
	有機質肥料	有機質肥料	魚粕（粉末）、肉骨粉、ナタネ油粕等
	石灰肥料等	石灰肥料、ケイ酸肥料	生石灰、消石灰、○○ケイ酸等
	その他	苦土肥料、マンガン肥料、ホウ素肥料、微量要素複合肥料、汚泥肥料等	硫マグ、水マグ、硫酸マンガン、ホウ酸塩、下水汚泥肥料等
特殊肥料		肥料取締法に基づき農林水産大臣の指定する46種類	魚粕（荒粕）、羊毛クズ、米ヌカ、コーヒー粕、草木灰、グアノ、堆肥等

化学肥料のみ（無機質肥料）

単肥

主成分を1種類だけ含む

硫安（N）　塩化カリ（K）　過石（P）

複合肥料

チッソ（N）、リン酸（P）、カリ（K）のうち2種類以上の成分を含む。液肥も複合肥料が多い

化成肥料

複数の原料を化学反応、または混合して成形した複合肥料。通常は粒状で、国内にもっとも多く流通している。NPKの合計は最低10%以上で、含有量30%以上なら高度化成、それ以下なら普通化成。苦土やマンガンなど微量要素を含むものもある

NP　NK　NPK

有機質肥料を含む場合もある

配合肥料

固形の原料を複数混ぜた複合肥料。NPKの含有量10%以上を保証する。普通肥料どうしを単に配合したものは「指定配合肥料」といって、届け出だけで流通可能。有機質原料を混ぜた有機配合も増えている

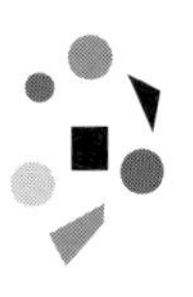

BB肥料

バルクブレンディング肥料。粒状肥料どうしを混ぜたもので粒状配合肥料ともいう（56ページ）

有機化成

無機肥料に有機質肥料を加えて造粒、成形した化成肥料。有機質由来のチッソを0.2%以上含めば「有機入り」「有機化成」などと表示できる

※配合肥料は一部に有機質肥料を含むことがあり、100%有機質配合もある。有機化成は必ず有機質肥料を含む

「特殊肥料」って、どこが特殊なの？

別に特殊じゃありません。いってみれば、「昔ながらの肥料」のこと。

特殊肥料の価値は肥料成分にあらず!?

普通肥料と大別される「特殊肥料」とは、魚粕や米ヌカのような「農家の経験と五感により品質が識別できる単純な肥料」（農水省）のこと。羊毛クズや甲殻類質肥料（カニやエビの殻、イカやタコなどの加工粕）、草木灰や人糞尿、堆肥や畜糞尿など、現在46種類が指定されている。

普通肥料と違って登録義務がなく、肥料袋には保証票もない。都道府県知事への届け出は必要だが、普通肥料のように法律で厳しく取り締まらなくてもいい、という位置づけなのだ。販売には、肥料名称や原料、生産年月、生産業者などの表示は必要だが、基本的には成分表示もない。「その価値や施用量が、必ずしも主成分の含有量のみに依存しない肥料」なんだとか。

そうはいっても、堆肥と家畜糞尿については、数t単位で使うものだし、やっぱり成分が知りたい。変なものが入っていないか気にする人もいる。そこで2000年より、特殊肥料のうちこの2つについ

ては成分含有量（保証値ではない）の表示も義務づけられている。

特殊肥料の魚粕を、粉末にしたら普通肥料!?

ところで、特殊肥料のラインナップは、普通肥料の「有機質肥料」と似ている。というか、魚粕やカニ殻など、両方に入っている肥料もある——。

馬糞堆肥（赤松富仁撮影）

調べてみると、魚粕や肉粕（廃肉から脂肪を搾り取ったカス）は、そのままの形だと特殊肥料だが、粉状にすると普通肥料に分類されるとのこと。「魚粕」なら特殊肥料で肥料登録は必要ないが、「魚粕粉末」は普通肥料なので登録が必要になるというわけだ。肉粕やカニ殻も同様。例えば米ヌカも、そのままなら特殊肥料だが、搾油した後の「米ヌカ油粕（およびその粉末）」（つまり脱脂ヌカのこと）は普通肥料なんだとか。いったい、なぜだろうか？

農水省の担当者によると、ポイントは「農家が見た目で判断できるかどうか」なんだとか。特殊肥料に指定されているのは、いずれも農家が昔から使ってきたものばかり。いってみれば「昔ながらの肥料」のことだ。魚粕や米ヌカならひと目でそれとわかり、使い方もわかる。しかし、魚粕粉末になってしまえば、もう魚だか肉だかわからない。だから、きちっと審査を受けて保証票で証明してください、というわけだ。

ちなみに、ペレットは普通肥料にも特殊肥料にもなりうる。魚粕をそのまま造粒、成形すれば特殊肥料だし、いったん粉末にしてペレットにすれば普通肥料だ。編

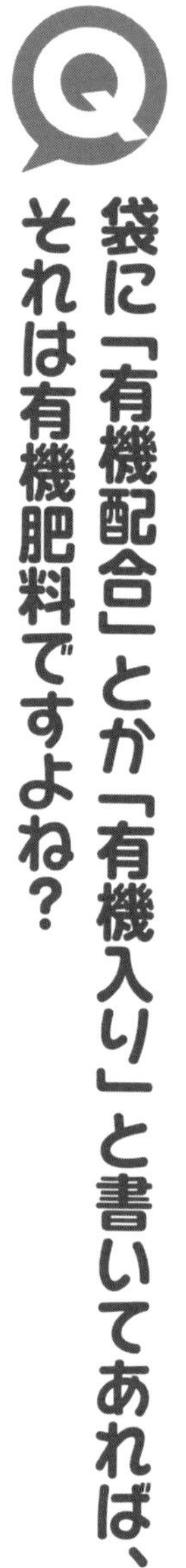

袋に「有機配合」とか「有機入り」と書いてあれば、それは有機肥料ですよね？

ほとんどが化学肥料であっても、有機物由来のチッソが０・２％以上あれば「有機入り」と表示できる。うちは必ず有機１００％の肥料を選びます。

静岡県三島市・杉本正博

「有機配合」とか「有機入り」と書いてあっても、有機物が少ししか入ってない肥料もあります。だから、有機にこだわるんであれば、「有機１００％」の肥料を選ぶべきです。ただ、有機１００％といってもピンからキリまであって、安い肥料は原料が乾燥鶏糞主体だったりして、ものによっては臭かったりします。ハウス内ではガス害の恐れもあります。

私がレストラン野菜を栽培するのに使う肥料（三要素）は、米ヌカと「菜有機６８４」（未来科学）だけ。菜有機６８４の原料はナタネ粕や魚粕、骨粉などオーソドックスな有機質だけ。化学肥料を使用せず、カリ分はパームヤシの灰です。20kgで３１６０円と少し高価ですが、その分おいしい野菜ができて、それを高く売ればいいと考えています。

杉本さんが使っている有機100％肥料「菜有機684」。約3.5㎜の粒状肥料で散布しやすい

ただし、肥料袋には原料が書いてないことも多いので、肥料屋さんに問い合わせたり、まずは少量で試してみることをおすすめします。（談）

（51ページ）

120種以上の野菜をレストランやホテルに出荷する杉本正博さん（赤松富仁撮影）

粒の形と大きさの話

Q 肥料には粒状とか粉状とかあるけど、どれがいいの？

A 使いやすいのは粒状やペレット。

一般的に、一番使いやすいのは粒状肥料だろう。湿気を吸って固まったりしにくく、粒がコロコロよく動くので施肥機や動噴でまきやすい。もちろん、手散布にも適している。流通量も一番多い。

JA糸島アグリの古藤俊二さんによると、有機肥料などでは、近年、ペレット状が主流になっているという。やはり扱いやすいからで、少し割高ではあるものの、石灰や鶏糞などもペレット化が進んでいるそうだ。

一方、粉状の肥料は流通量が減っているという。粒状に比べて早く効くのだが、散布時に風で飛散しやすく、吸湿して固まることもあって少々扱いにくいからだろう。ただし、葉物野菜のように生育期間が短い場合は、肥効が早く出る粉状のほうがいいという農家もいる。また、培土に混ぜるような場合も、粉状のほうが便利だ。魚粕、貝殻、骨のような有機肥料では、原料が大きく形もさまざまなので、まきムラを防ぐために粉状になっているものも多い。

液肥は速効性で、かん水に混ぜたり、農薬に混ぜたりして葉面散布にも使える。希釈の手間はかかるが、追肥には使いやすい。液肥の粘性を高めたのがペースト肥料だ。液肥並みの速効性を持ちながら、施肥位置からあまり移動しないという特徴があり、ほとんどがイネの側条施肥用として使われている。

その他、肥料原料に草炭などを混ぜて造粒した固形肥料もある。肥料成分が腐植などにくっついているため、じわじわ効いて、かん水や雨による流亡が少ない。リン酸の不溶化（30ページ）も少ない。編

A まきやすい大粒硫安にもいろいろある。

熊本県八代市・入江健二

一口に硫安といっても、商品によって形状はさまざまです。使いやすいのは**大粒硫安**。従来の粒状より少し高いんですが、固まりにくいし遠くに飛ぶ。ただし、粒が四角いタイプは背負い動噴の中をスムーズに落ちてこないので、散布ムラができます。

丸い大粒タイプがおすすめですが、国産と中国産とでは溶けやすさが違います。中国産は粒の中に気泡が入っているのか、白く濁っていて、水にサッと溶けてなくなる感じ。それに比べると、全農の大粒硫安（宇部興産製造）は一度のかん水では溶け残ることもある。

大粒硫安（依田賢吾撮影）

そこで、ハウストウモロコシには中国産を使います。ウネ間かん水時の追肥として使うので、一発で溶けてほしいから。露地のレタスに使う国産の大粒硫安は、雨のたびに溶けて、じわじわ効くのがいいと思います。

価格は中国産が20kgで1100円もしない。国産はそれより100円くらい高いかな。買う前に、袋の上から触ったり、お店の人に聞いてみて、粒の大きさや形状を確かめています。

（談）

（20ページ）

レタスやトウモロコシをつくる入江健二さん

A 石灰散布には顆粒タイプがおすすめです。

三重県松阪市・青木恒男

石灰欠乏の対策には、**消石灰**のふりかけが一番手っ取り早い方法ですね。でも一般的な粉状の消石灰は、風が吹くと舞い上がって散布するのに厄介ですし、作物に付着して真っ白に汚れてしまいます。

その点、顆粒状のタイプだと、そうした不具合が断然少なくなる。使いやすいんですよ。キュウリやナスなどに上からバサバサ散布するのは、顆粒タイプの消石灰（ネオライム）がおすすめです。（談）

（112ページ）

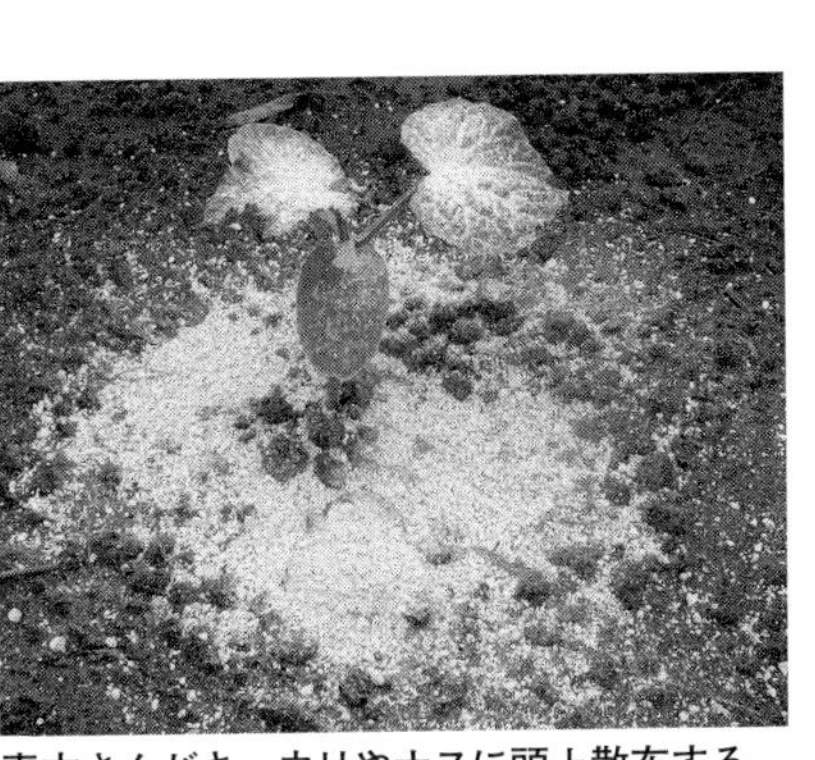

青木さんがキュウリやナスに頭上散布する顆粒タイプの消石灰

A 過リン酸石灰は粉状でないと効かない。

山形県天童市・佐藤善博

最近は大粒タイプの肥料が流行っているようですが、私は果樹でも野菜でも、**過リン酸石灰**は粉状を選んでいます。過リン酸石灰は速効性だなんていわれるけれども、水に溶ける量が少ないから、じつは効果が出にくいんです。粒状ならなおさら。狙った時期に効かせようと思ったら、粉状がおすすめです。（談）

（49ページ）

混ぜ方の話

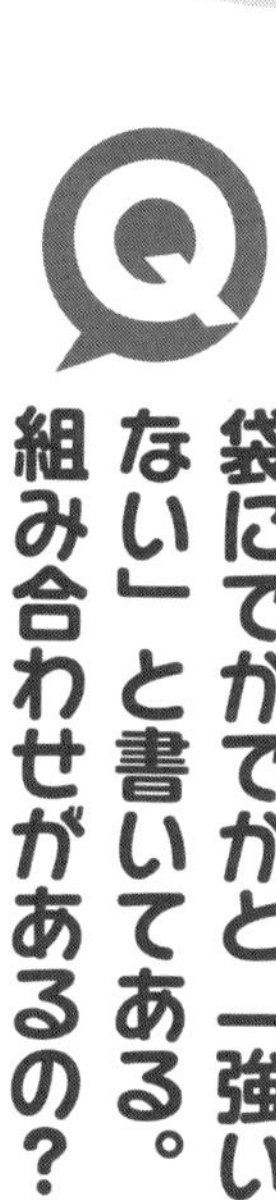

袋にでかでかと「強いアルカリ性資材と混用しない」と書いてある。肥料にも混ぜると危険な組み合わせがあるの？

例えば硫安と消石灰を混ぜるとアンモニアガスが発生します。危ないし、もったいない。

化学反応を起こす組み合わせがある

肥料代を安くするには、単肥を買って自分で混ぜるのが手っ取り早い。ただし、組み合わせには注意がいる。

例えば**硫安**や**硝安**にアルカリ性の**消石灰**などを混ぜると、化学反応が起きてアンモニアガスが発生する。毒性があって危険だし、せっかくのチッソ成分が逃げてしまう。尿素に大豆油粕を混ぜた場合も、油粕のウレアーゼという成分が尿素を分解してアンモニアガスを発生させる。

また、水溶性リン酸や水溶性マンガンを石灰などのアルカリ性肥料と混合すると、リン酸やマンガンが溶けにくくなってしまう。「そんなこと考え始めたら、なにも混ぜられない」と思ってしまいそうだが、左ページの表で配合できる組み合わせとできない組み合わせを見ることができる。

固まりやすくなることも

混ぜると水を吸いやすくなる組み合わせもある。例えば尿素も塩化カリも、単独ならそれほど吸湿性は高くはないが、組み合わせると急に水を吸ってベタベタになったり固まりやすくなる。メーカーは配合した肥料を粒にして、表面に固結防止剤（シリカゲルやゼオライト）をまぶすなどして防いでいるようだ。自分で混ぜた場合は時間をおかず、すぐに使ってしまおう。 編

混ぜてよい肥料の組み合わせ（前田正男『肥料便覧・第１版』農文協より抜粋）

	硫安	塩安	硝安	尿素	石灰チッソ	過石	熔リン	重焼リン	塩化カリ	草木灰	鶏糞	堆きゅう肥	生石灰	消石灰	水酸化苦土	ケイカル
硫安		▲	▲	○	×	○	×	○	○	×	▲	▲	×	×	×	×
塩安	▲		▲	▲	×	▲	×	○	▲	×	▲	▲	×	×	×	×
硝安	▲	▲		▲	×	▲	×	▲	▲	×	×	×	×	×	×	×
尿素	○	▲	▲		▲	▲	○	○	▲	▲	▲	▲	▲	▲	▲	▲
石灰チッソ	×	×	×	▲		×	○	▲	▲	○	○	▲	○	○	○	○
過石	○	▲	▲	▲	×		▲	○	▲	×	○	○	×	×	×	×
熔リン	×	×	×	○	○	▲		○	○	○	▲	▲	▲	○	○	○
重焼リン	○	○	▲	○	▲	○	○		○	○	○	○	▲	▲	▲	▲
塩化カリ	○	▲	▲	▲	▲	▲	○	○		○	○	○	▲	▲	○	○
草木灰	×	×	×	▲	○	×	○	○	○		▲	▲	○	○	○	○
鶏糞	▲	▲	×	▲	○	○	▲	○	○	▲		○	×	▲	▲	▲
堆きゅう肥	▲	▲	×	▲	▲	○	▲	○	○	▲	○		×	×	×	×
生石灰	×	×	×	▲	○	×	▲	▲	▲	○	×	×		○	○	○
消石灰	×	×	×	▲	○	×	○	▲	▲	○	▲	×	○		○	○
水酸化苦土	×	×	×	▲	○	×	○	▲	○	○	▲	×	○	○		○
ケイカル	×	×	×	▲	○	×	○	▲	○	○	▲	×	○	○	○	

注　○：配合してよいもの　▲：配合したらすぐ用いるもの
×：配合してはならないもの　尿素と大豆油粕は×

うまく混ざらなくて、肥料ムラが出ちゃう。

「比重」と粒の大きさを揃えれば大丈夫。

北海道新得町・**平 和男**

単肥のブレンドは30年前からやっています。自分でブレンドすると、同じ成分量でも、高度化成より20％ほど安くなります。今使っている肥料の２割ほどは自家ブレンドです。

混ぜるのには２００ℓ入る肥料配合機を使っています。気を付けているのは、肥料の「比重」をなるべく揃えること。重い肥料は配合機の底に溜まりやすいので、使う場合は最後に入れます。**硫酸カリ**は、20kg袋が他の袋より明らかに小さいので、比重が大きいとわかります。

粒の大きさも揃えたほうがいいようです。硫安は粒の大きいものと小さいものがありますが、混ぜる他の単肥に合わせて、大きめの粒を選んでいます。（談）

平和男さん。小麦、ジャガイモなどを43haの畑でつくる

有効期限と保管の話

Q 「生産した年月」から4年もたってる。この肥料、もう使えない？

A 使える。でも、早く使うに越したことはない。

タネや農薬の場合はそれぞれ「有効期限」があって、あんまり古くなると発芽率が落ちたり、効果が落ちることもあった。いっぽう肥料袋には、どこを探しても有効期限が書いてない。保証票に書いてあるのは「生産した年月」だけだ。肥料に消費期限はないんだろうか——。

東京農業大学の村上敏文先生によると、肥料袋は基本的に密閉構造で、中の肥料の水分含有量はわずか数%に抑えられている。通常は微生物によって分解されたり、化学反応して別の成分に変化したり、ガス化して揮散することはないそうだ。だから、肥料に有効期限は設定されていないのだ。砂糖や塩に消費期限がないのと同じと考えれば、わかりやすい。

しかし、いったん袋を開けて、保存方法が悪い場合は品質が落ちることもある。例えば**硫安**や**尿素**は湿気を吸うと粒が固まってしまう。コーティングされた肥料などでは、粒が壊れて肥効が長続きしなくなることもある。有機質肥料では、湿気や微生物が入ると成分が変質してしまうこともあるという。

ちなみに、肥料入りの培土については、「当年中の使用」などと表示されている場合がある。これは、肥料だけの場合と違って、培土に水分が多いからだとか。また、農薬入りの肥料では、農薬取締法による有効期限が表示してある。（編）

A うちのＪＡでは、店頭に3年以上置かないようにしています。

ＪＡ糸島アグリ・古藤俊二

肥料には基本的に消費期限はありませんが、私たちは独自に有効年月を定めています。メーカーから仕入れた肥料を店頭に置くのは概ね3年未満。それ以内に売り切るよう努力して、万が一3年たってしまった場合は、引き取ってもらうようメーカーと交渉しています。

小さなピンホールを開けた肥料袋もあって、肥料を袋に詰める時に入ってしまう空気を抜く働きがあります。袋が膨らんでいると、パレットにちゃんと積み上げられませんから。高冷地などに持っていった時に、気圧が低くて袋が膨らむのを防止するねらいもあります。

とても小さな穴ですが、保管条件によっては、やはり中の肥料成分が変化することがあると考えています。特に高温多湿時は、肥料の売れ行きを見極めて、店頭在庫を極力持たないように気を付けています。（談）

（53ページ）

A とくに消石灰は湿気で固まりやすいよ。

山形県天童市・佐藤善博

タネや農薬と違って、肥料には確かに有効期限はない。だけど、一度開封した肥料は成分が飛んだり、固まったりするから使い切ったほうがいいな。とくに消石灰は湿気で固まりやすい。肥料を購入する時、オレは必ず製造年月日が新しいやつを選んでるよ。（談）

（45ページ）

佐藤善博さん
（赤松富仁撮影）

塩ビパイプとパッカー、ワンタッチで袋を密閉

石川県金沢市・虎本直樹さん

トウモロコシやタケノコを中心に、60 aの畑で年間約10種類の野菜を栽培し、直売所などで売る虎本さん。収穫期間を長くしようと少しずつずらして栽培するので、元肥、追肥は少量ずつ散布。どうしても使いかけの肥料袋ができる。簡単に密閉する方法はないかと、写真のような道具をつくった。塩ビパイプとロングパッカーを、肥料袋の幅に合わせて切るだけ。材料費は1セット100円程度。移動時の持ち手にもなって便利だそうだ。

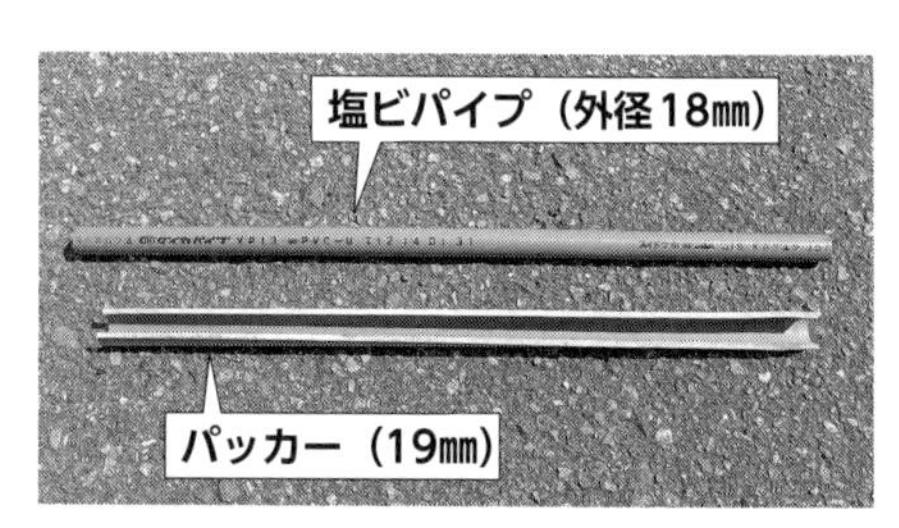

塩ビパイプとパッカーで袋の口を挟んで密閉

ハウスの中に毛布とブルーシートをかけて肥料を保管

肥料保管のアイデア

余った肥料はトラックコンテナで保管

静岡県三島市・杉本正博さん

ハウス49ａと露地1haで野菜などをつくる杉本さん。肥料はなるべく買いだめせず、余った場合は、自動車の修理工場からもらってきた中古のトラックコンテナに入れる。米ヌカなどの有機肥料はネズミに狙われるが、コンテナなら密閉できて95％防げるという。

肥料をハウスで保存。隙間を空ければネズミ害が減る

熊本県宇城市・高木理有さん

ハウスでミニトマトを90ａ栽培する高木さんの肥料の保管場所はハウスの中。雨や直射日光に当たらないように、毛布を被せて、上からブルーシートをかける。ポイントは肥料袋の間に広めの隙間をあけておくこと。肥料袋はネズミにかじられることがあるが、空間があると警戒してか、被害が減るそうだ。

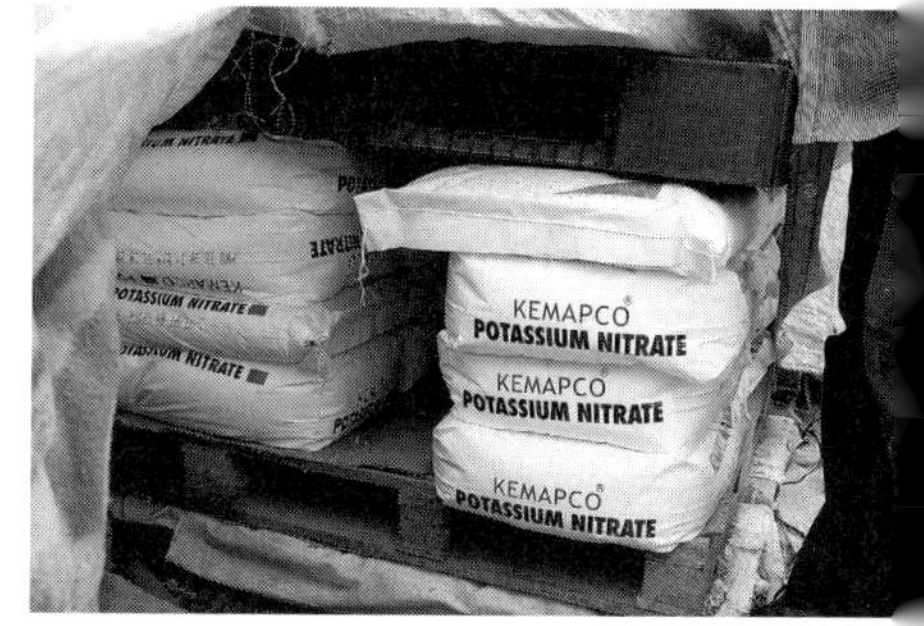

肥料と肥料を密着させずにネズミ防止。通気性も確保できる

肥料の流通の話

ダイエットしなきゃダメ？
14-14-14
お…
重いのはイヤ…

Q 肥料袋って、なんで20kgが多いんですか？歳とってきて、腰にくるんですけど……。

A 理由ははっきりしないが、きっと、計算しやすいからじゃないだろうか。

ポリエチレン製の20kg袋がほとんど

肥料はその昔、ワラ叺（かます）や南京袋などに入れて売られていた。当時は1袋10貫目、つまり37・5kg程度で、今の倍の重さだったようだ。それが昭和40年代に入ると現在のポリエチレン製の袋に替わり、容量は20kgが主体になった。今や流通量の7～8割か、それ以上が20kg袋で販売されているという。

なぜ20kgなのか、全農や肥料袋メーカーなどにも聞いてみたが、その理由ははっきりしなかった。きっと10kgでは少なく、30kgでは散布するのに少し重かったんじゃないだろうか。20kgなら5袋でぴったり100kg。仮にチッソ含有量8％なら、5袋でちょうど8kgのチッソを施用できることになる。そんな計算のしやすさもよかったのかもしれない。

15kg袋の販売がジワリと増えてきた

一方、地域や作目によっては、20kg袋以外での販売も増えている。肥料袋の大手メーカー、日本マタイ㈱でも、最近は15kg袋の注文がジワリと伸びてきたという。肥料成分が高度化して、少ない施用量で十分な成分量が供給できるようになったこと、高齢化して20kg袋じゃ重く感じる農家が増えてきたことなどが背景にあるようだ。15kg袋なら、田植え機の側条施肥機に肥料補給するのもラクだ。

また、北海道では、大量に施肥するのにいちいち肥料袋を開けていられないと、フレコンバッグによる200kg、500kg単位の販売が増えているという。肥料選びは、20kg袋に限らないというわけだ。編

10kg袋に5kg袋、液肥やBB肥料の量り売り。20kg袋以外の販売も好評です。

JA糸島アグリ・古藤俊二

10kg袋がお年寄りや女性に人気

若い農家が多かった時代には、きっと20kg袋が流通側にも、使用する側にもちょうどいいサイズだったんだと思います。一昔前は軽自動車に積載容量ギリギリ、またはオーバーするほどの肥料を積んでいる農家がたくさんいました。その積み下ろしも苦じゃなかったんですね。

しかし、JA糸島管内もご多分に漏れず、農家が高齢化してきました。農作業の軽量化が重要になっているんです。例えば農具は鉄からアルミに、収穫コンテナも30kgから15kgコンテナに替わってきました。

そこで、JA糸島アグリでは、10年くらい前からお年寄りや女性向けに、人気の肥料については20kg袋と並行して10kg袋での販売も始めました。

例えばアグリオリジナルの追肥専用肥料「トップドレッシング（12−2−10）」。ふつう、追肥用の肥料というと速効性の化学肥料（無機質肥料）が主流

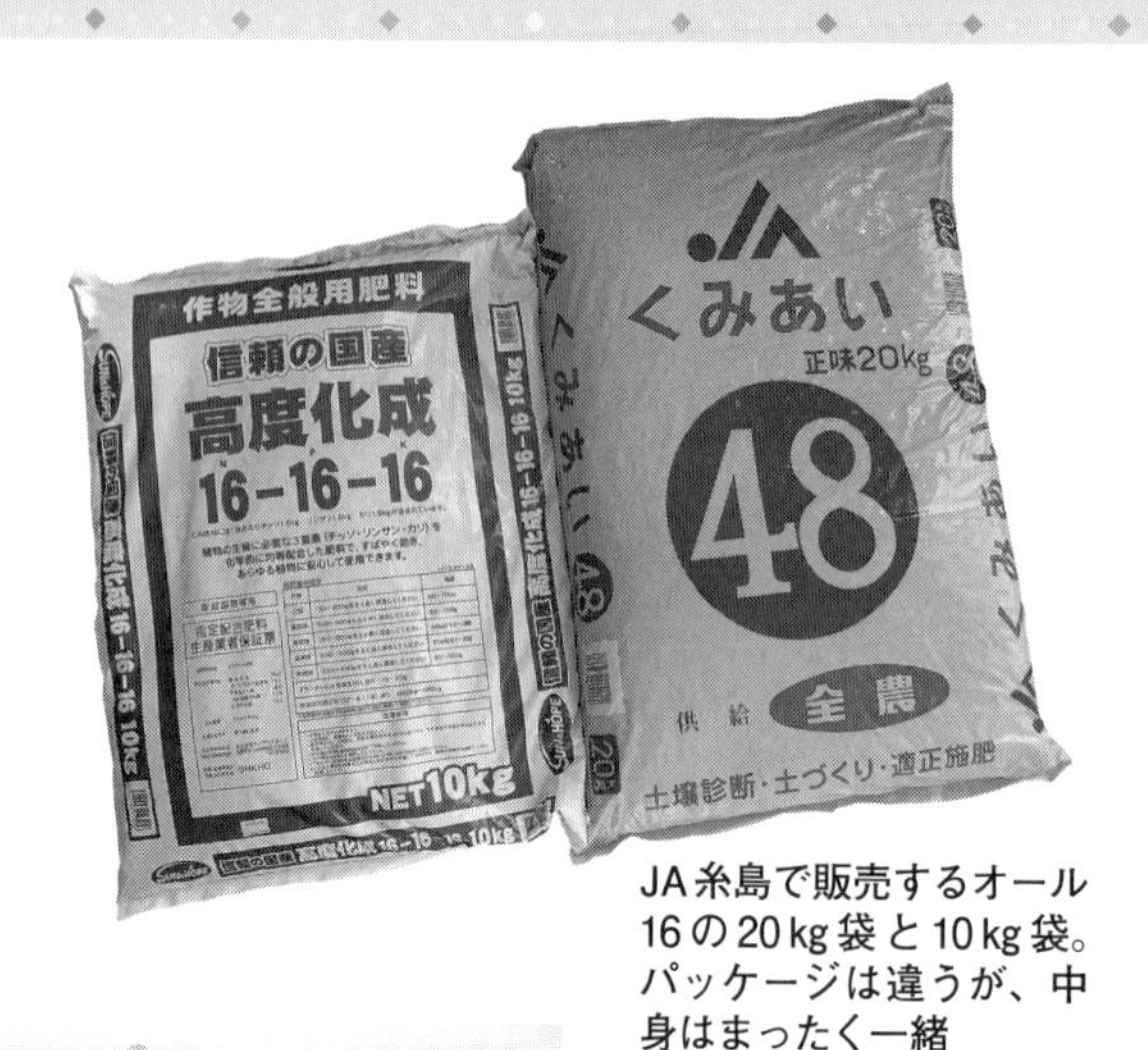

JA糸島で販売するオール16の20kg袋と10kg袋。パッケージは違うが、中身はまったく一緒

Dr.コトーこと、古藤俊二さん。手にしているのは、カキ殻と卵の殻を原料にしたオリジナル石灰肥料。単行本『ドクター古藤の家庭菜園診療所』も好評発売中（1500円＋税）

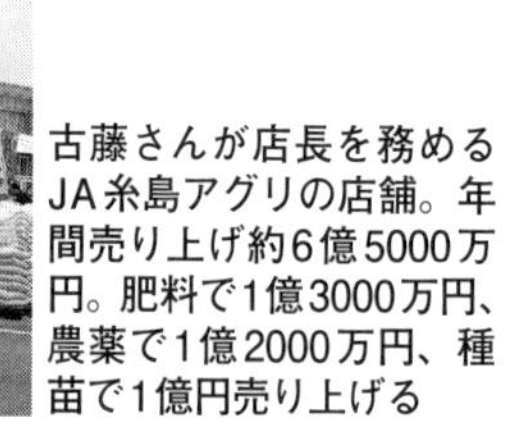

古藤さんが店長を務めるJA糸島アグリの店舗。年間売り上げ約6億5000万円。肥料で1億3000万円、農薬で1億2000万円、種苗で1億円売り上げる

ですが、原料の半分をアミノ酸や核酸を含む有機質にして、うま味をのせる追肥として開発しました。10kgで1296円。20kg袋より少し割高になりますが、10kg袋もよく売れます。

一般的なオール8（10kg1389円）、オール14（同1115円）、オール16（同1640円）もそれぞれ10kg袋をラインナップしています。さらに小さな5kg袋を揃えている肥料もあります。第一線を退いた農家も、家庭菜園用に買ってくれますから。

もちろん、プロ農家はそんな単位では買いません。うちはフレコンでの販売もしていて、肥料は100gから500kg単位まで扱っているわけです。

リピーター続出の量り売り肥料

液肥も20ℓでの販売が一般的だと思いますが、うちでは量り売りが人気です。麦焼酎の搾り粕や食品残渣を利用したリサイクル液肥「エコアース」（10−4−5）は、2ℓボトル入りが391円で、中身だけを1ℓ129円で販売しています。プロ農家は20ℓ単位で買っていきますが、それでも2580円。アミノ酸が豊富な有機液肥に

量り売りをする液肥「エコアース」。1ℓ 129円での詰め替え販売がうけて、年間20ｔ以上売れる

しては、安いと思います。１ｔタンクで仕入れて詰め替え販売しているからできる価格設定です。

肥料の量り売りは法律上禁止されているんですが、需要があるとみて県の許可を取り付け、九州ではうちが最初に始めました。必要な分だけ安く買えて、空袋などのゴミも出ない。リピーターがついて、今では年間20ｔ以上売れます。ＪＡならではの取り組みだと思います。

「Drコトーの Happy 肥料」（8－9－8）というオリジナルのＢＢ肥料も詰め替え販売をしています。５００㎖ボトル入りが２０６円。空になったボトルだけ持って来てくれれば、中身は１００円で売ります。独自ブレンドで速効性と遅効性を兼ね合わせたこともあって、家庭菜園愛好家にも直売農家にもよく売れます。

お店の立場から見れば、肥料の量り売りは充填に従業員の手間がかかるのがデメリットですが、それは、お客さんとコミュニケーションがとれるというメリットでもあります。ＪＡのファンづくりと、従業員教育にも大きく貢献していると思います。

（談）

（49ページ）

作物・気候に合わせた肥料を、土壌診断してつくる

オーダーメイドBB肥料の時代がやってくる

JA全農長野、北穂アグリ

化成肥料の集約化とは一線を画す

肥料のメーカー数や銘柄数の多さが製造・流通コストを押し上げる一因になっている。そこでいまJA全農では、事前予約と入札でメーカーを絞り込み、銘柄を集約化することで、肥料価格の引き下げに取り組んでいる。

一方、銘柄集約とは真逆の方向で農家のコスト削減に貢献しようという動きもある。JA全農長野の子会社、JAアグリエール長野によるBB肥料生産だ。

中国から輸入される原料の燐安を手にして説明する、JAアグリエール長野の青柳元彦さん
（写真はすべて依田賢吾撮影）

「安い肥料に合わせた栽培法をとるのではなく、作物に合わせた肥料を、土壌分析をしてつくっていく。化成肥料の集約化とは一線を画す取り組みなんです」と、JAアグリエール長野の肥料事業部部長、青柳元彦さんが力強く語ってくれた。

銘柄数が多くなるのも、ある意味必然

BB肥料とは、バルク（粒）・ブレンディング（配合）肥料の略称で、粒状の原料を2種類以上混ぜ合わせた配合肥料のことをいう。化成肥料のように化学反応させて造粒するのではなく、登録を受けた肥料を物理的に混ぜ合わせるだけなので、簡単に新しい銘柄を作ることができる。肥効もワンパターンではなく自在に組み合わせられる。

JA全農のBB工場は全国15道県に18カ所あり、JAアグリエール長野はその銘柄数やオーダーメイド肥料の取り組みで、トップを走る存在だ。

土質ごとに土壌診断、3年ごとに改良

「事務所から見える田んぼ、これみんなうちの法人が管理してるんです」。安曇野市の農事組合法人・

右からJA全農長野で「わたしの肥料」の肥料設計を担当する吉田清志さん、北穂アグリの丸山秀子組合長、JA全農長野・生産資材課の中信地域担当の二村豊彦さん

北穂アグリの代表理事組合長の丸山秀子さんが胸を張る。

周辺農地220haのうちの7割以上にあたる165ha（地主270名、組合員169名）の耕作を一手に引き受ける北穂アグリは、この地域の集落営農法人の先駆けであり、JAアグリエール長野がつくるオーダーメイドBB肥料「わたしの肥料」の大口顧客だ。

「15年くらい前かな、上伊那でJAオリジナルの元肥一発肥料をつくっていると知ったんです。農業はそれぞれ、土壌も違えば陽気も違うでしょ。その土地に合った肥料を自分で設計できるのは、画期的だなと思ったんです」

最初は3、4haからはじめて、いまではイネ115haの元肥一発肥料に「穂高N20」、ムギ50haの元肥に「北穂アグリ麦専用」というペットネームをつけたオーダーメイド肥料を使う。

毎年、土質ごとに土壌診断（イネ80点、ムギ10点）をし、3月に全従業員12名とJA全農長野、JAあづみ、普及センターの担当者が集まり、水稲研修会を開く。前年の反省とともに、当年の施肥設計や肥料の改善点を話し合うのだ。オーダーメイド肥

密苗用肥料の試験田で生育中のコシヒカリ。今年は猛暑が続くが北アルプスの雪解け水が豊富にあるので、しっかりかけ流しして例年どおり一等米率100%をねらう

料の試験栽培も行ない、肥料は約3年ごとに改良している。

トータルで生産コストを下げる

北穂アグリの「穂高N20」の場合、1袋当たりの金額はJAで販売されている全県銘柄の元肥一発肥料よりも約15％高くなる。しかし、全県銘柄はチッソ成分が16％で10a 50kgが標準施用量となるが、「穂高N20」はチッソの成分量が高く施用量は36〜38kgで済んでいる（圃場には鶏糞も入れているので、元肥チッソ量自体も標準より若干低い）。作業性がアップするだけでなく、施用量が少ない分、10a当たりの肥料代は約18％安くなる計算だ。

JAで販売される肥料は、オーダーメイド肥料なら土壌診断の結果に基づいて、必要のないリン酸やカリを大胆に削ることもできる。コスト削減につながるし、過剰投入による環境負荷の回避にもなる。

また、同じ長野県でも、レタスやハクサイといった高原野菜産地では雪解け後の短い春に、土づくり肥料、元肥、緩効性チッソ肥料、リン酸・苦土・微量要素、有機質肥料などを一括施肥できる「わたしの肥料」が好評だ。

元肥が一括されれば労力は減るし、少量でまきづらい微量要素のまきムラも改善される。トラクタが圃場に入る回数も減るので、燃料代の節約やトラクタによる踏圧回避にもつながる。

オーダーメイド肥料は肥料代だけでなく、トータルでの生産コストを下げられるのだ。編

民間の工場でも、最小ロット50袋からオーダーメイド

オーダーメイド肥料はＪＡグループのＢＢ工場だけでなく、民間に発注することもできる。静岡県袋井市の豊田有機株式会社・肥料工房（TEL 0538-43-9565）では最小ロット50袋（１ｔ）から受注しており、工場から直送するため遠隔地でも市場価格より安価に提供できる。

また、福岡県久留米市のアグリ技研株式会社（TEL 0942-45-5800）でも液肥50袋（１ｔ）、粒状肥料200袋（４ｔ）から受注。やはり、土壌診断に基づいて余分な肥料成分を省けるから、コストアップにならず、有機主体でつくるなど肥料の素材にもこだわれると好評だ。編

町の肥料屋さんに聞く

肥料袋からわかること、わからないこと

茨城県・ハナワ種苗㈱

「オール8」。三要素入りの化成肥料は袋を見ても原料がわからない!?

ハナワ種苗、大洋店（赤松富仁撮影、以下A）

園芸王国・茨城県で、肥料も扱うハナワ種苗㈱。肥料部顧問の松元信嘉さんと、大洋店店長の小林国夫さんに、肥料袋からわかること、わからないことを聞いてみた。

◆

Q 肥料にはいろいろな銘柄があって、価格もいろいろで、いったいどこをどう見て選んだらいいのか、正直迷っちゃうんですけど…。

うちは基本的にムダなものを入れるなという主義なんです。肥料を扱う店としては珍しいかもしれませんが、有機入りとか、アミノ酸入りとか、核酸入りとか、そういったものは最近あまり扱っていません。

問題は植物が必要なときに必要な要素をバランスよく吸えるかどうかです。それで収量も病気も味も変わってきます。特に有機物は無機化されるタイミングが問題で、バランスをとるには、かえって難しいという側面もあるんです。

小林国夫さん。大洋店店長（A）

だから、うちでは化成肥料や単肥が主体。植物にちゃんと吸われているかすぐにわかるし、確実でバランスもとりやすい。そしてなにより値段も安い。そういう考えです。ただ、単肥だけを売っていたら赤字になっちゃいますけどね（笑）。

すみません。肥料袋の見方でしたね。最近はたしかにいろいろな肥料がありますよ。正直、我々「業界人」にも何が入っているかわからない肥料も結構ある。やはり信頼できるのは肥料袋に「保証票」がちゃんと付いているもの。成分がしっかり書かれているもの。たとえば苦土はとても重要な要素ですが、成分がどれだけ入っているか。まずはそこを見て肥料を選ぶべきだと思います。

Q 袋の「保証票」を見れば中の成分は一通りわかるんですよね。

そうですね…。たとえば化成の「オール8」にはチッソ、リン酸、カリがそれぞれ8％入っているわけです。「水溶性」や「ク溶性」といった表示もあります。しかしですね、ここにはその原料が何か書いていません。たとえばカリの原料が硫酸カリの場合と、塩化カリの場合があると思います。

ニンジンは塩化カリを使うとコルクが出にくくなって、おいしいものができる。うちのお客さんで、塩化カリの単肥を使ったら抜群によかったという方がいます。逆に最近、メロン地帯で硫酸カリを使ったほうがメロンの糖度が上がったという話がありました。メロンのほうは、おそらくpHの問題と硫酸カリに含まれるイオウ成分のせいだと思います。

高pHの畑だと微量要素が吸われません。でも、硫酸カリのように硫酸由来の肥料であればpHを下げる作用

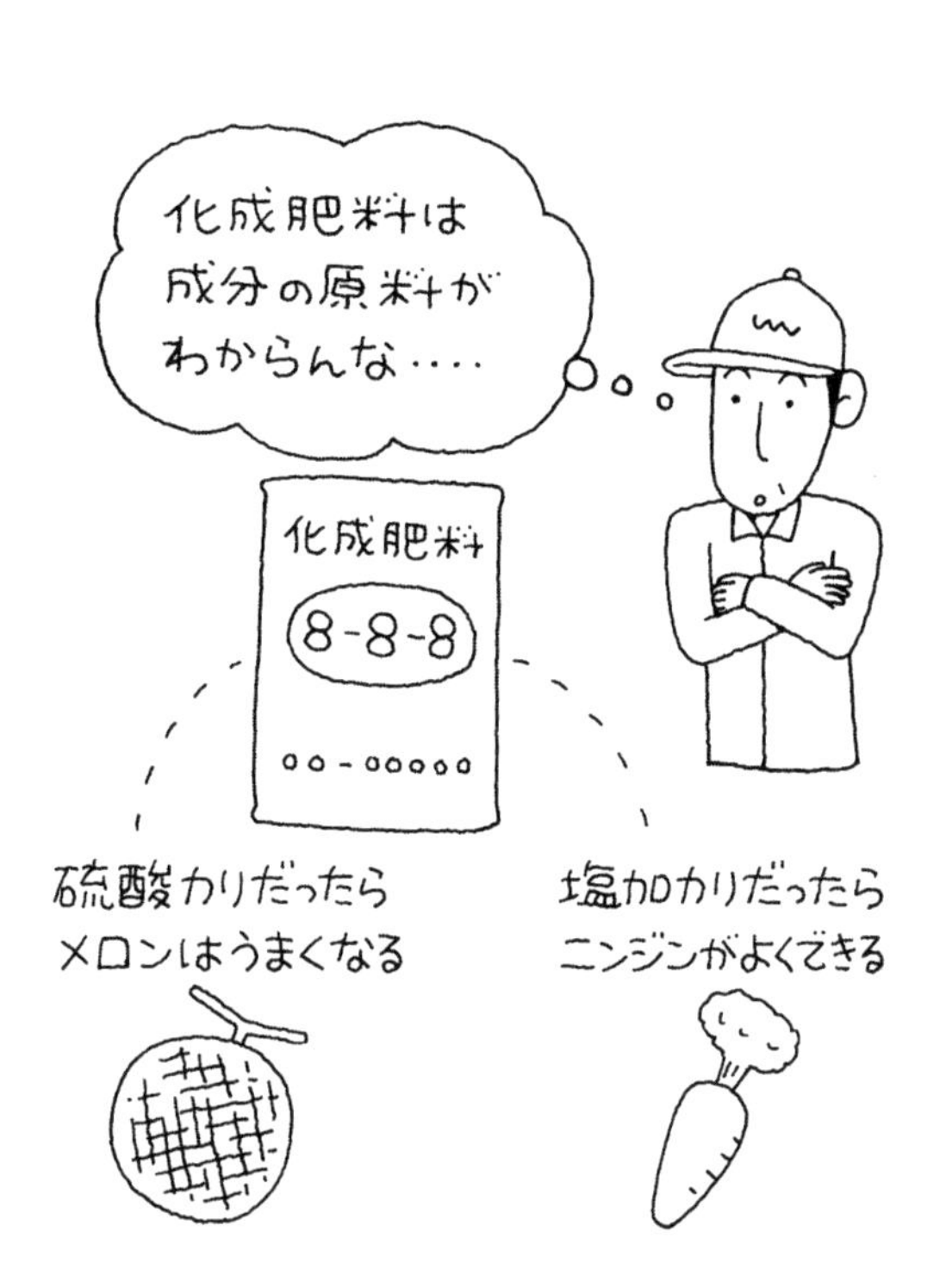

をするので、微量要素が吸われやすくなる。それとイオウも吸収された。タンパク質をつくる必須要素ですからね。キュウリなどのウリ科はイオウが効くと味がよくなります。だから「pHが高い圃場で、とくにウリ科の場合は、硫酸カリを原料にしたものを」ということはいえますね。

ところが「オール8」とか三要素入りの化成肥料はいろいろありますが、残念ながら肥料袋には原料が書いてない。保証票には登録番号がありますから、メーカーにそれを伝えて、問い合わせてみるのがいちばんです。

Q「粉状○○」とか「粒状△△」とか形状もいろいろみたいですが、売れゆきはどうですか？

うちのお客さんでは粒状を買う人が圧倒的に多くて98%くらい。なんといってもまきやすいですからね。

価格は一般的な化成肥料なら粉状よりも粒状のほうが100~200円高いです。有機ペレットはもっと高い。

ただ、条件によっては粉状をおすすめすることもありますよ。pHがあまりに低い畑で、すぐに酸度矯正が必要なとき。粉は速効性があるから、粒より早くpHを目標数値に持っていくことができる。たとえばホウレンソウのような栽培期間の短いもので、粒をまいたら、次作までその粒が残っていたこともありますからね。

それと、いまは緩効性肥料がはや

っていますよね。コーティングされたものですが、大粒の硫安もあるんです。そもそも硫安は速効性で水に溶けやすい肥料です。それを少しでも持続させるためにつくられているようです。うちでは硫安を水に溶いた上澄み液を追肥用の液肥に使うようにすすめていますが、そういう場合は大粒のコーティング硫安だとなかなか溶けないので不適ですね。

使用目的によって違ってきますが、たとえば粒が大きいほうは元肥向き、小さいほうが追肥向きということもいえます。袋を手で触ってみるのも、ひとつの手かもしれませんね。

Q 肥料が高くて農家は困っています。ズバリ、安くていい肥料を教えてください。

最初にもいいましたが、うちは余計なものは売りません。アミノ酸入りとか書いてある高い肥料なんかより、安くて効果のある化成肥料がおすすめです。土壌診断をして必要なものだけを入れ、バランスを整えてやれば収量も上がるし、味もよくなります。

ミニトマトですごい収量を上げている方がいますが、糖度は12度あるんです。カブトムシが寄ってくるっていうんですから（笑）。安い化成を使ってムダな肥料も入れずにそうなるんですから、経営的にもいいですよね。

いま注目しているのは石灰チッソ。正確にいうと、そこに含まれているジシアンジアミドという成分です。長効きするチッソでおもしろい。イチゴやトマトなんかの長期どり作物で、90日間ゆっくり効くといわれています。うちで扱っているのはその成分が入っている「ジシアンMB15号」という商品です。これが20kgで２７００円。成分はオール15と高い。同程度の成分を含む一般的なロング肥料は４０００円前後はすると思います。

それと硫安もおすすめです。先ほども話しましたが、pHを下げる作用がある。もちろんチッソも効くので一石二鳥の肥料です。ハウスメロンなんかでは、石灰の蓄積で高pH土壌が増えていますが、そのようなところで、主に果菜類の追肥に使ってもらっています。

あとは熔リンかな。リン酸肥料ですけど苦土やケイ素も入っている。肥料袋には書いていませんけどね。熔リンは、ク溶性でじわじわ効くし、鉄やアルミナと結合しにくいのもいい。ただし、リン酸過剰の畑が多いので、土壌診断をして１６０mg以上入っているところではリン酸を入れる必要はありません。足りない圃場での話です。編

各元素の働きと欠乏・過剰症状

元素	働き	養分欠乏の症状	養分過剰の症状
チッソ	タンパク質・体をつくる／細胞の分裂・増殖を促す／養分の吸収・同化作用を促進	葉は黄色く小さくなる 生育不良	葉の色はどす黒くなる 花や実が付かないことがある
リン酸	核酸や酵素をつくる／エネルギー代謝に関係／果実の収量・品質の向上／生長点や花・果実に必要／発芽力を高める	根張り不良 葉が小さく生育も悪く、やや紫色がかる 開花の遅れ	過剰害は現れにくい 病害に弱くなることがある
カリ	細胞液の浸透圧の調整／タンパク質合成に関与／細胞の硬化／開花・結実の促進／光合成能の維持	葉は黒ずんだ緑色になり、葉の縁が褐色になる、葉肉に褐色の斑点が生じる 下葉から症状が出る	カルシウム・マグネシウムの吸収を阻害 マグネシウム欠乏症を引き起こす
カルシウム	細胞膜に多く存在し、体を強くする／体内の有機酸の中和／タンパク質合成に関与／硝酸態チッソの吸収の促進／カリウム・マグネシウムの吸収の調整	生長点や根に病徴 葉の縁は褐色になり湾曲する 葉には褐色の斑点、激しければ生長点が枯死 根の先端も褐変	土壌がアルカリ性になり、マンガン・ホウ素など微量要素欠乏を起こしやすくなる
マグネシウム	葉緑素をつくる／糖類・脂肪・核酸などの合成に関与／体内でのリンの移動を助ける	下葉から症状が出る 葉脈間が黄色になり、ひどいと黄褐色になり枯死する	土壌がアルカリ性になり、微量要素欠乏症が出やすくなる
イオウ	タンパク質の合成に関与 葉緑素の生成を助ける	全体が黄化する ほとんど発生しない	硫酸により土壌が酸性になり、根が障害を受ける
ホウ素	細胞膜・通導組織の形成維持 水分・炭水化物・チッソの代謝、糖やカルシウムの吸収・転流に関係	生長点が止まり、茎や根の中心が黒褐色に変化し、果実にはヤニが出ることがある	葉が黄化、枯死する
マンガン	酸化還元酵素の働きを強める 葉緑素・タンパク質の生成を助ける	新しい葉の葉脈間が薄緑色になる 古い葉には欠乏症は出にくい	葉に小さい褐色の斑点ができる。ひどくなると葉がねじれ奇形化する
銅	酸化還元に関与	葉が小さく色が淡くなる	葉の先端に紫色の小さな斑点ができる
鉄	呼吸作用の酵素をつくる 葉緑素の生成を助ける	新葉から黄白化する。古い葉には欠乏症は出ない	ほとんど見られない
亜鉛	各種酵素をつくる 酸化還元作用に関与 葉緑素や生長促進物質の生成に役立つ	葉が小さくなり、葉脈間が黄色になる	先端が黄化し、葉に褐色の斑点ができる
モリブデン	酸化還元酵素をつくる	葉の縁が内側に巻き込んでコップ状になる	葉に灰白色の斑点ができる

『だれでもできる肥料の上手な効かせ方』（藤原俊六郎著、農文協）より一部抜粋

第 2 章

図解でわかる
肥料の働きと効かせ方

おもな肥料成分の役割と効果

作物は、太陽光のエネルギーを使って光合成を行ない、糖（デンプン）を生み出す。糖は、作物の体づくりに使われながら、果実（収穫物）を実らせる。さまざまな体内のしくみを動かすエネルギーも、呼吸によって糖を分解することで得ている。

では、肥料はどんな役割を果たしているのだろう？　作物を「工場」にたとえると──。

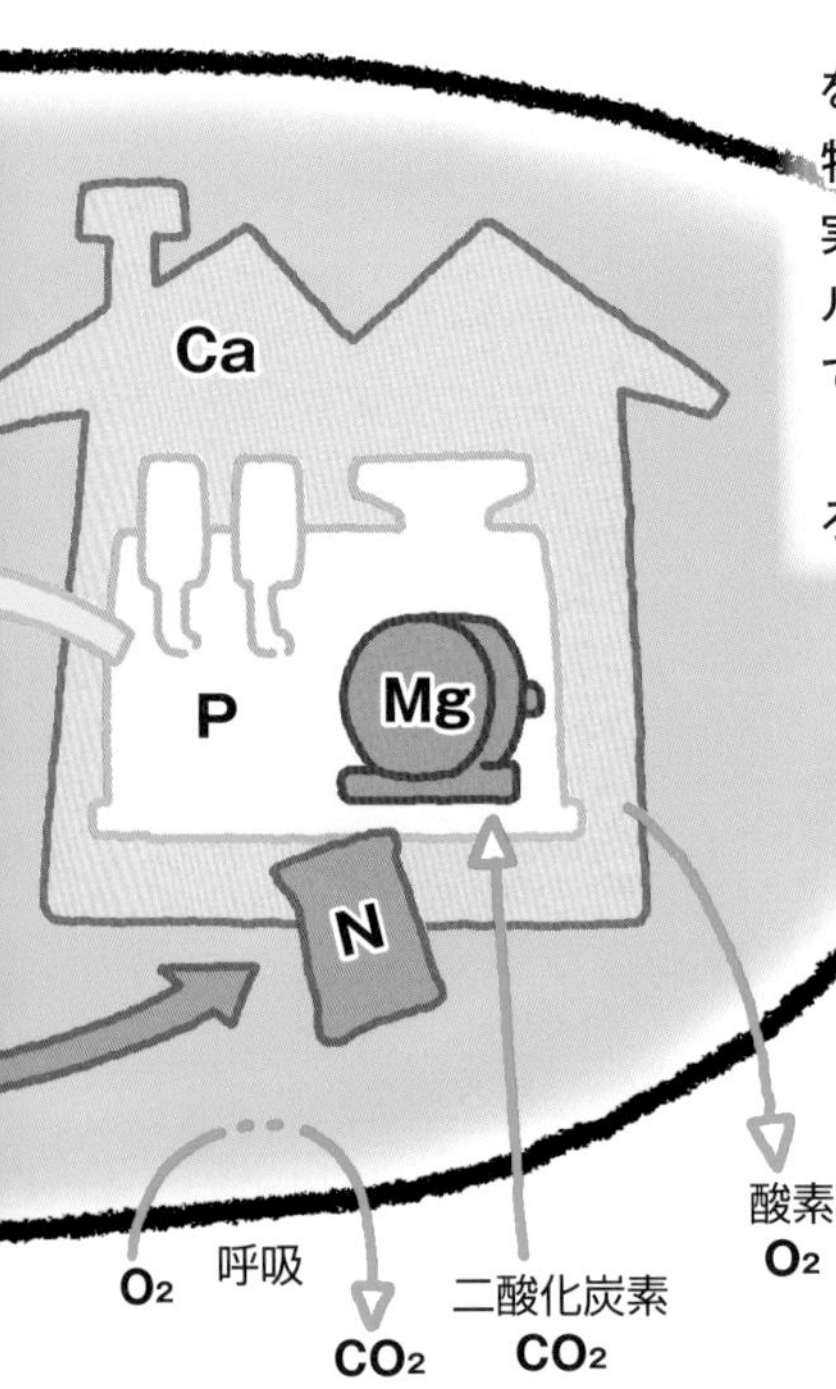

N（チッソ）　原料

光合成産物のデンプン（C）とともに作物の体をつくる「原料」。チッソとデンプンには生育ステージごとに適した比率（C／N比）がある。デンプンの量に見合ったチッソ量を維持するように、追肥はタイミングと量が重要

P（リン酸）　機械

工場の「キカイ」に当たる。光合成にも呼吸にも大事な役割を果たす。リン酸が不足すると生産設備が不足することになり、原料のチッソがだぶついてしまう

Ca（石灰）　建物

石灰（カルシウム）は、工場の「建物」であり「配線」でもある。細胞を守る細胞壁に含まれ、体内の情報伝達にも重要な役割を果たす

Mg（苦土）　モーター

苦土（マグネシウム）は、光合成を行なう葉緑体の中心に位置する元素。さまざまな酵素の働きにも欠かせない、いわば「モーター」

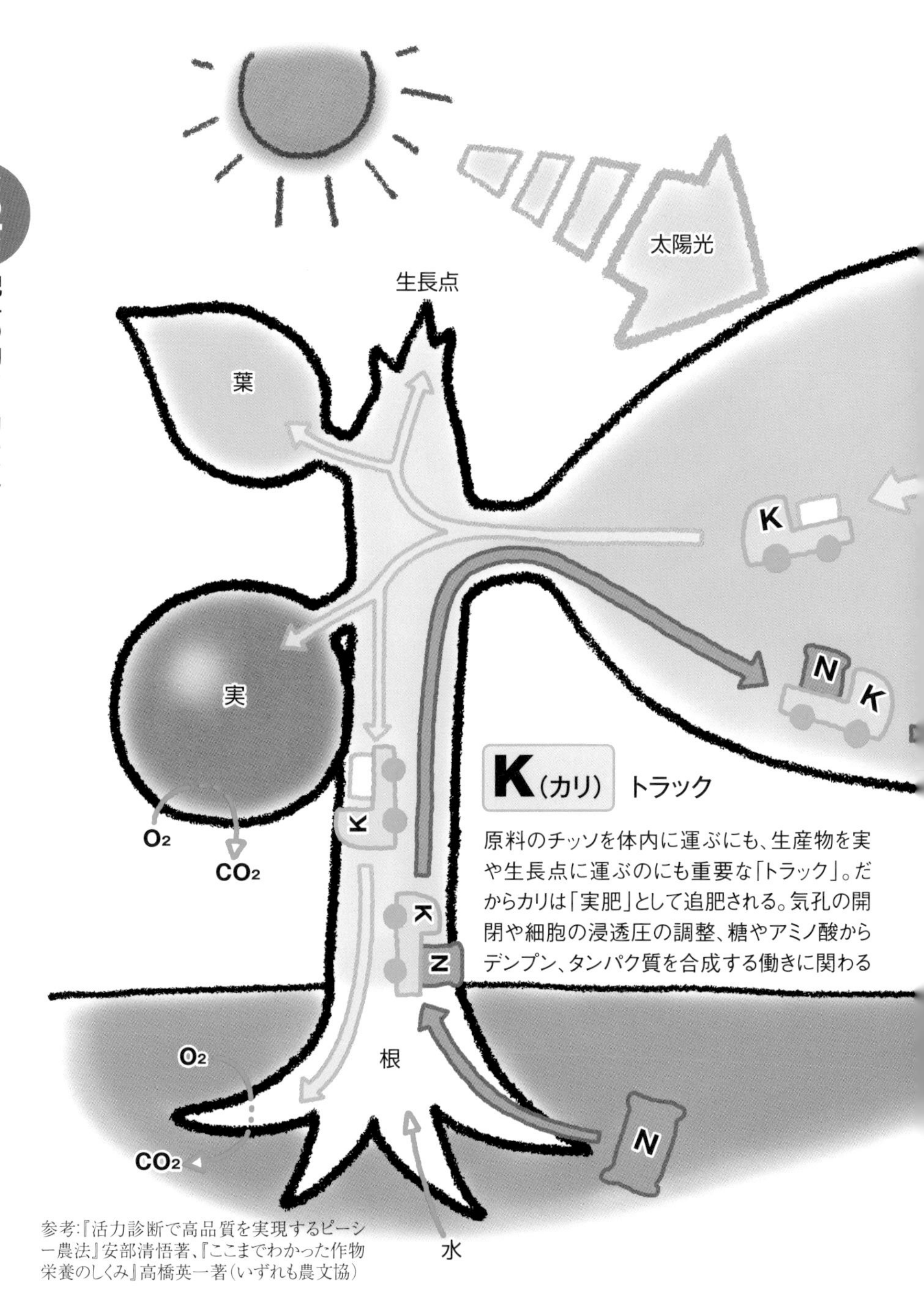

参考:『活力診断で高品質を実現するピーシー農法』安部清悟著、『ここまでわかった作物栄養のしくみ』高橋英一著（いずれも農文協）

そもそも
肥料はどうやって吸われる?

オヤジ、
そもそも肥料って、
どうやって作物に
吸われてるんだ?
息子
ん?
そ、それはだなぁ……
オヤジ
水
空気
固体

●肥料は水に溶けて、水と一緒に根に吸われる

ふった肥料はまず、土壌中の水(土壌溶液)に溶ける。田んぼはもちろん、畑でも同じ。土壌というのは、じつは固体(鉱物や腐植)と空気と水でできていて、畑の土壌も一般的にはその約3割が水だ。作物の根は、水に溶けた肥料を吸っている。

土壌の三相分布

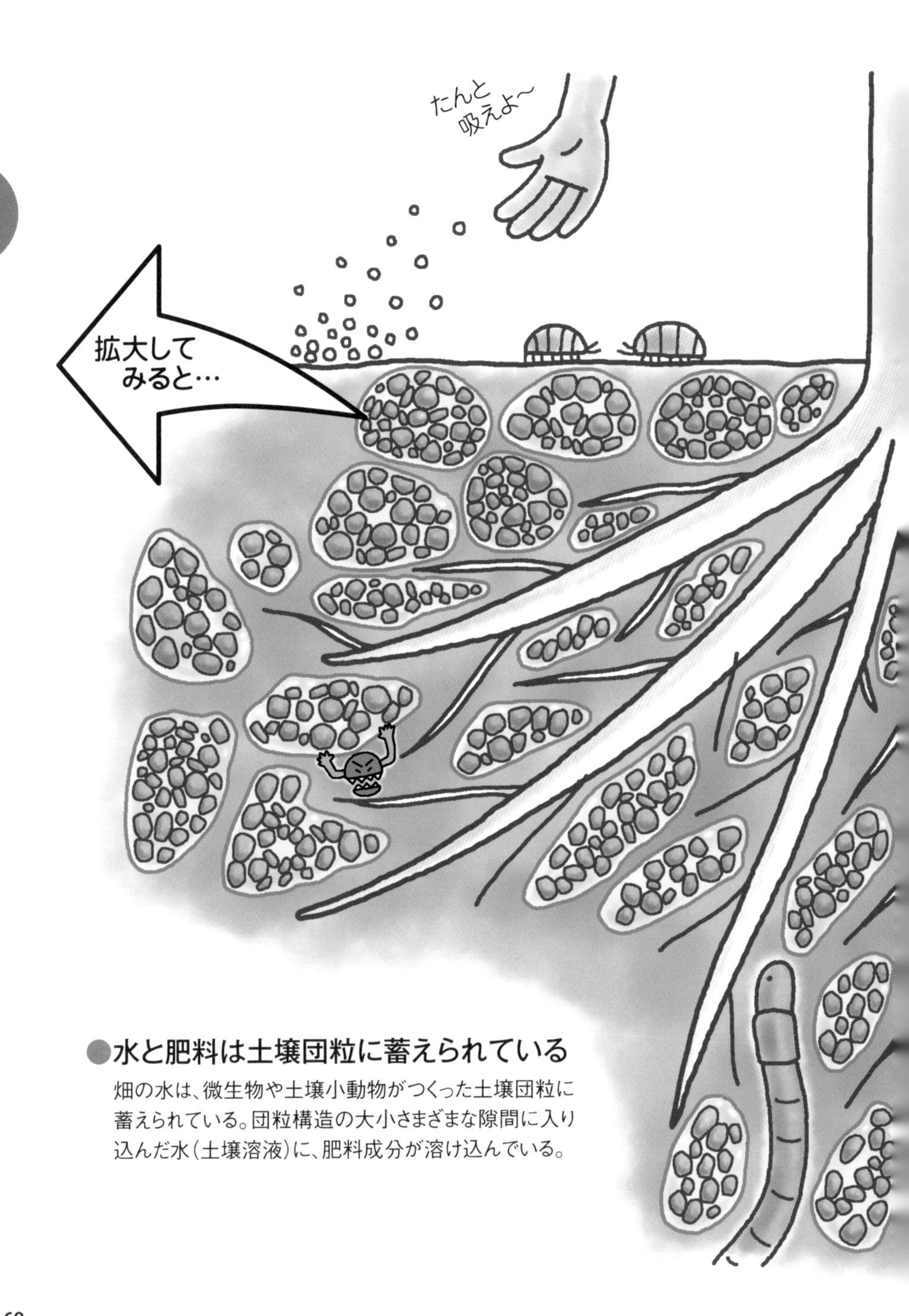

水と肥料は土壌団粒に蓄えられている

畑の水は、微生物や土壌小動物がつくった土壌団粒に蓄えられている。団粒構造の大小さまざまな隙間に入り込んだ水（土壌溶液）に、肥料成分が溶け込んでいる。

●例えば、硫安を施肥すると――

代表的なチッソ肥料の硫安（硫酸アンモニア）を畑にまいてみよう。硫安はチッソ成分のアンモニアと硫酸（副成分）がくっついたもの（結晶）。土壌中の水に溶けた硫安は、とたんにアンモニアと硫酸とに分かれ、離ればなれになる。

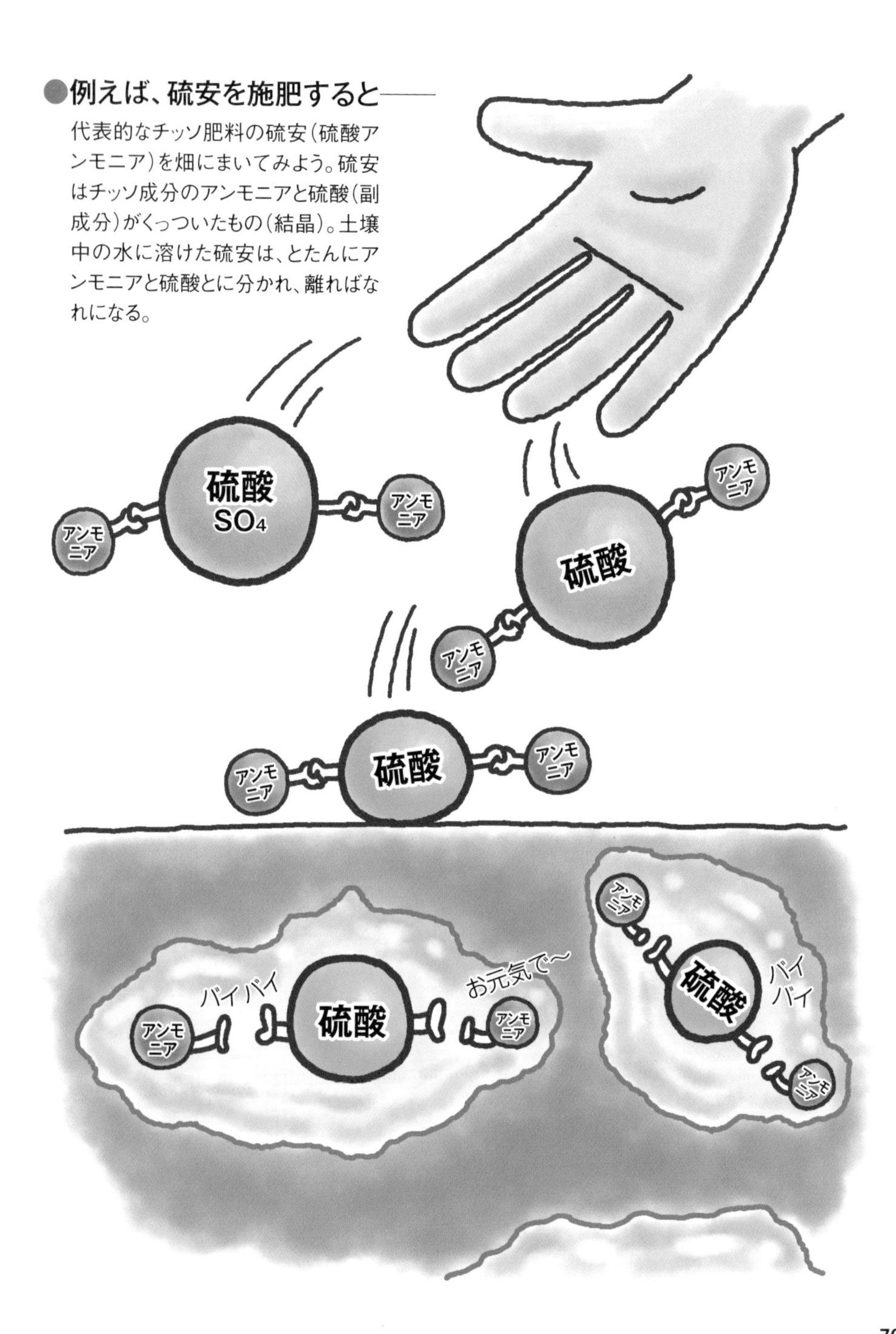

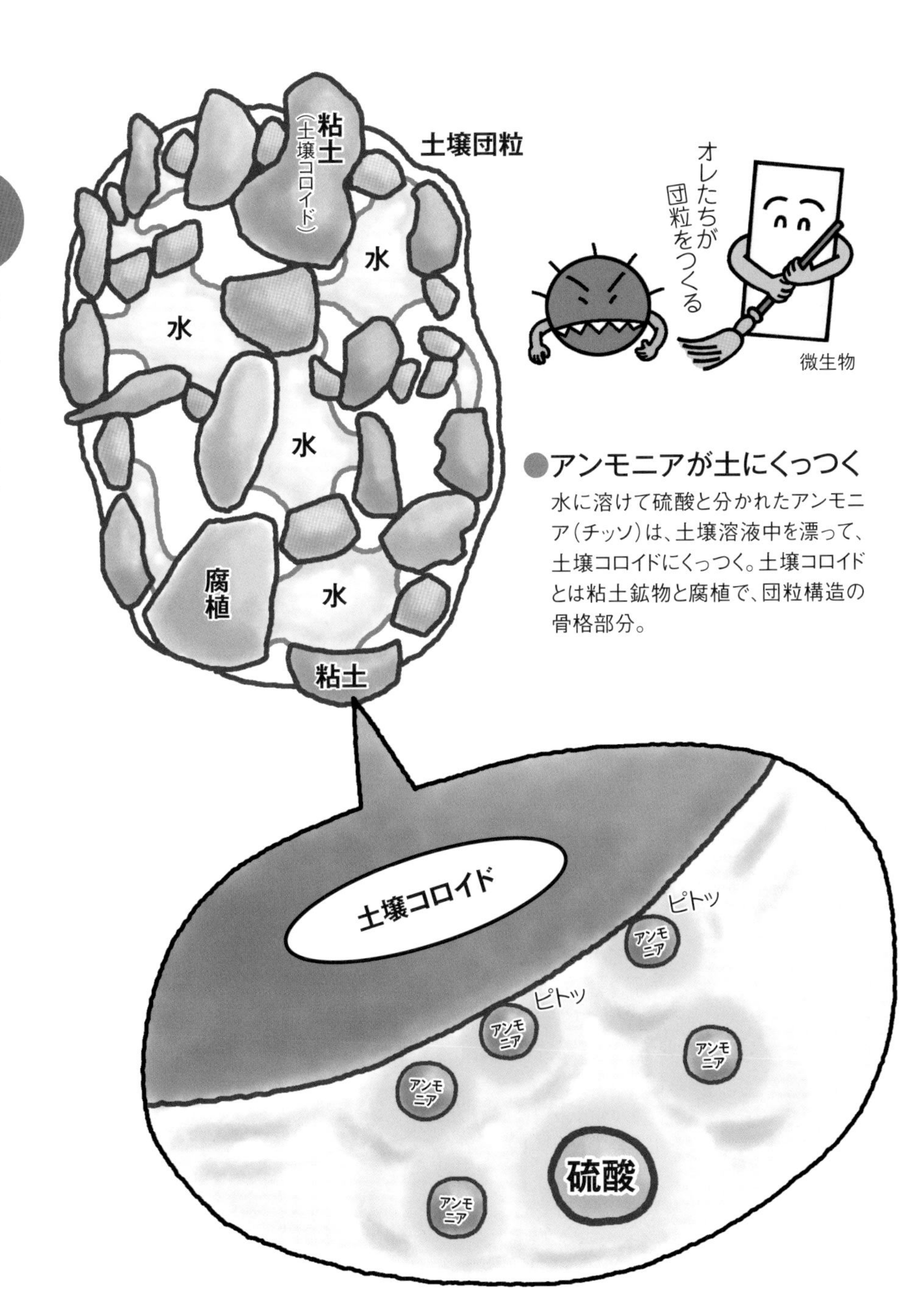

●アンモニアが土にくっつく

水に溶けて硫酸と分かれたアンモニア（チッソ）は、土壌溶液中を漂って、土壌コロイドにくっつく。土壌コロイドとは粘土鉱物と腐植で、団粒構造の骨格部分。

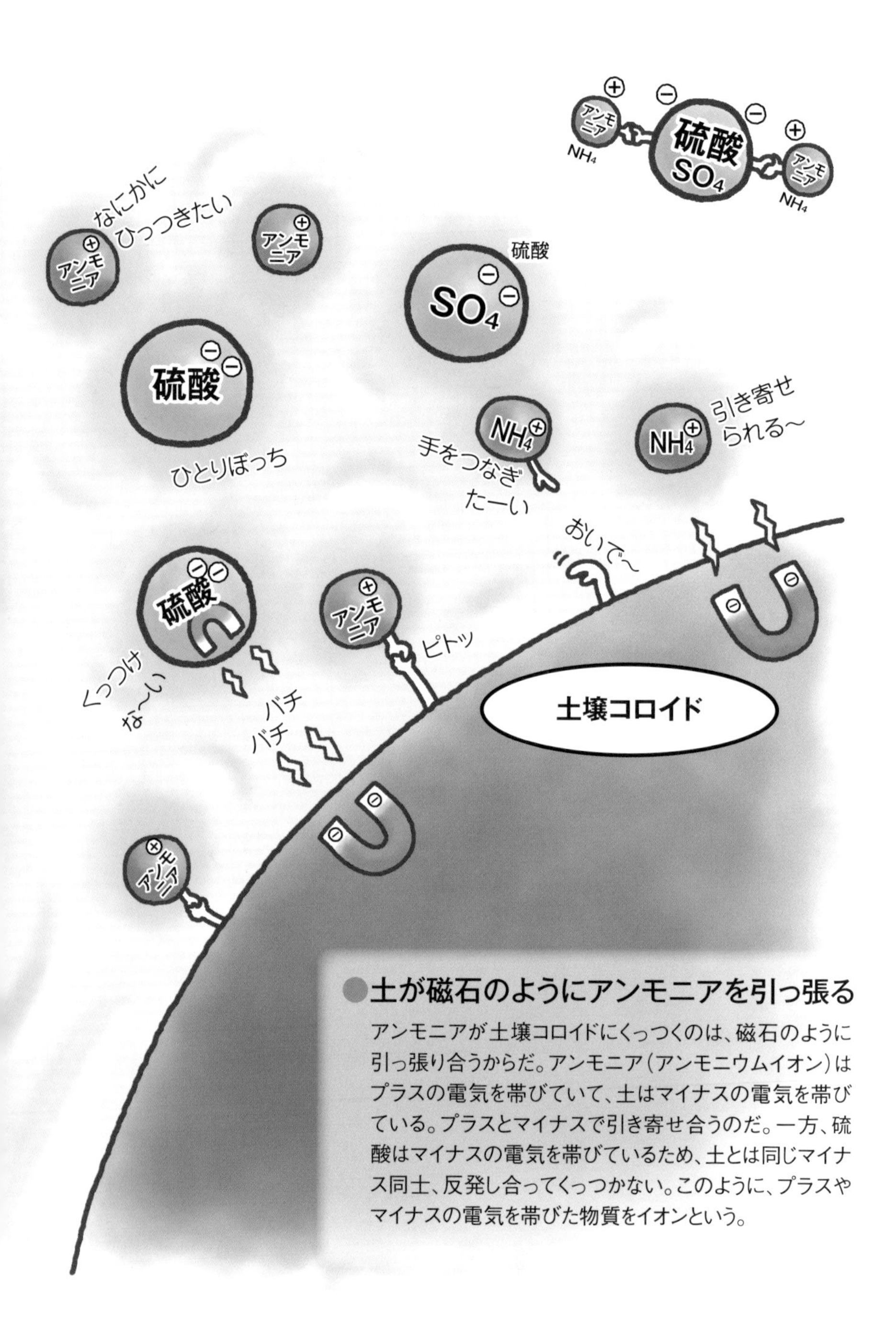

土が磁石のようにアンモニアを引っ張る

アンモニアが土壌コロイドにくっつくのは、磁石のように引っ張り合うからだ。アンモニア（アンモニウムイオン）はプラスの電気を帯びていて、土はマイナスの電気を帯びている。プラスとマイナスで引き寄せ合うのだ。一方、硫酸はマイナスの電気を帯びているため、土とは同じマイナス同士、反発し合ってくっつかない。このように、プラスやマイナスの電気を帯びた物質をイオンという。

土壌コロイド

●カリやマグネシウム、カルシウムも土にくっつく

土壌コロイドにくっつくプラスイオン（陽イオン）は、アンモニアだけではない。カリやマグネシウム、カルシウムなどの肥料成分も、水に溶けるとプラスの電気を帯びて、土にくっつく。だが、硫安をたくさんまくと、アンモニアがカルシウムなどを押しのけて土にくっつく。

カリやマグネシウム、カルシウム、アンモニアなどのプラスイオン（塩基類）がたくさんついた土はアルカリ性、それらが少ない土は酸性だ。

硫酸カルシウム
（石こう）

●硫酸が土を酸性化させる

一方、アンモニアと分かれた硫酸（マイナスイオン）は、マグネシウムやカルシウムなどのプラスイオンとくっつこうとする。土から塩基類が引っ張り出されて、代わりに水素イオンやアンモニアが土にくっつくと、結果的に土は酸性に傾く（76ページ）。

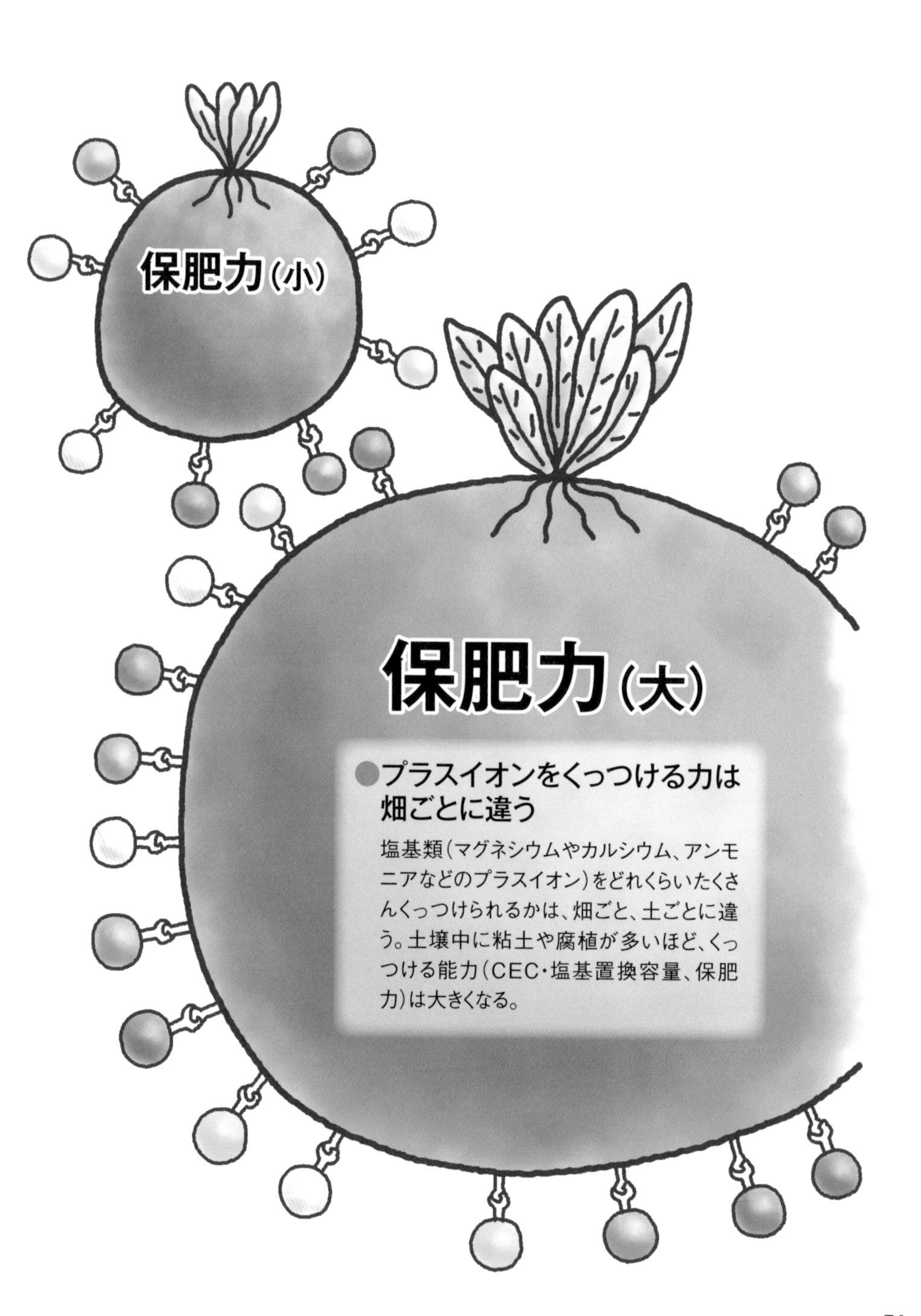

●プラスイオンをくっつける力は畑ごとに違う

塩基類（マグネシウムやカルシウム、アンモニアなどのプラスイオン）をどれくらいたくさんくっつけられるかは、畑ごと、土ごとに違う。土壌中に粘土や腐植が多いほど、くっつける能力（CEC・塩基置換容量、保肥力）は大きくなる。

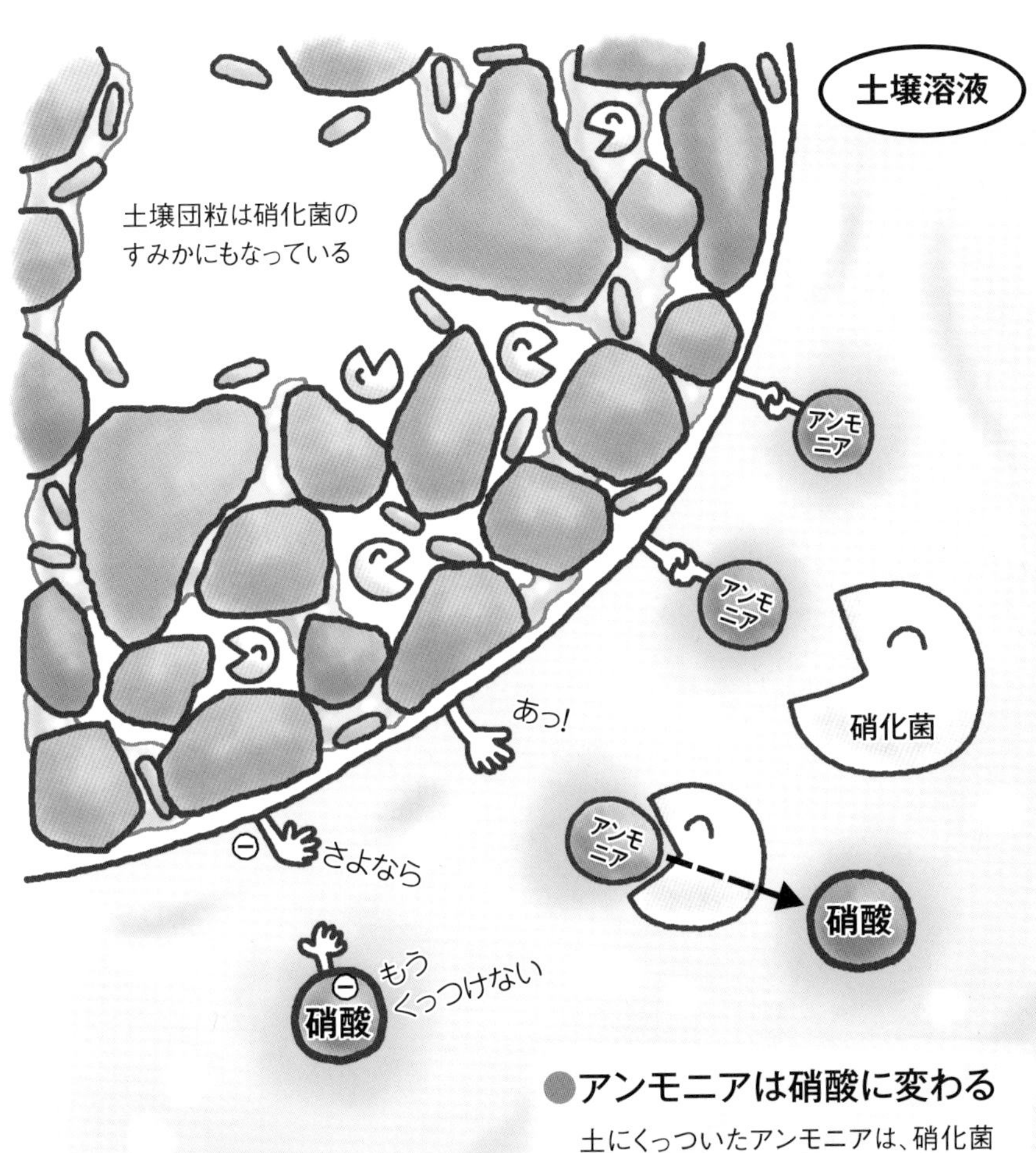

●アンモニアは硝酸に変わる

土にくっついたアンモニアは、硝化菌（亜硝酸菌、硝酸菌）によって硝酸に変わる。アンモニアと違って、硝酸はマイナスイオン。もう土にくっついていられず、土壌溶液中に放出されて流れ出しやすくなる。

硝酸
根っこだ
硝酸
それいけ
硝酸
根っこだ
硝酸
硝酸
吸われる〜
吸ってる
吸ってる
アルカリ化(高pH)
酸性化(低pH)
水素イオンばかりになった土
壌コロイドは酸性、塩基類
ばかりの場合はアルカリ性

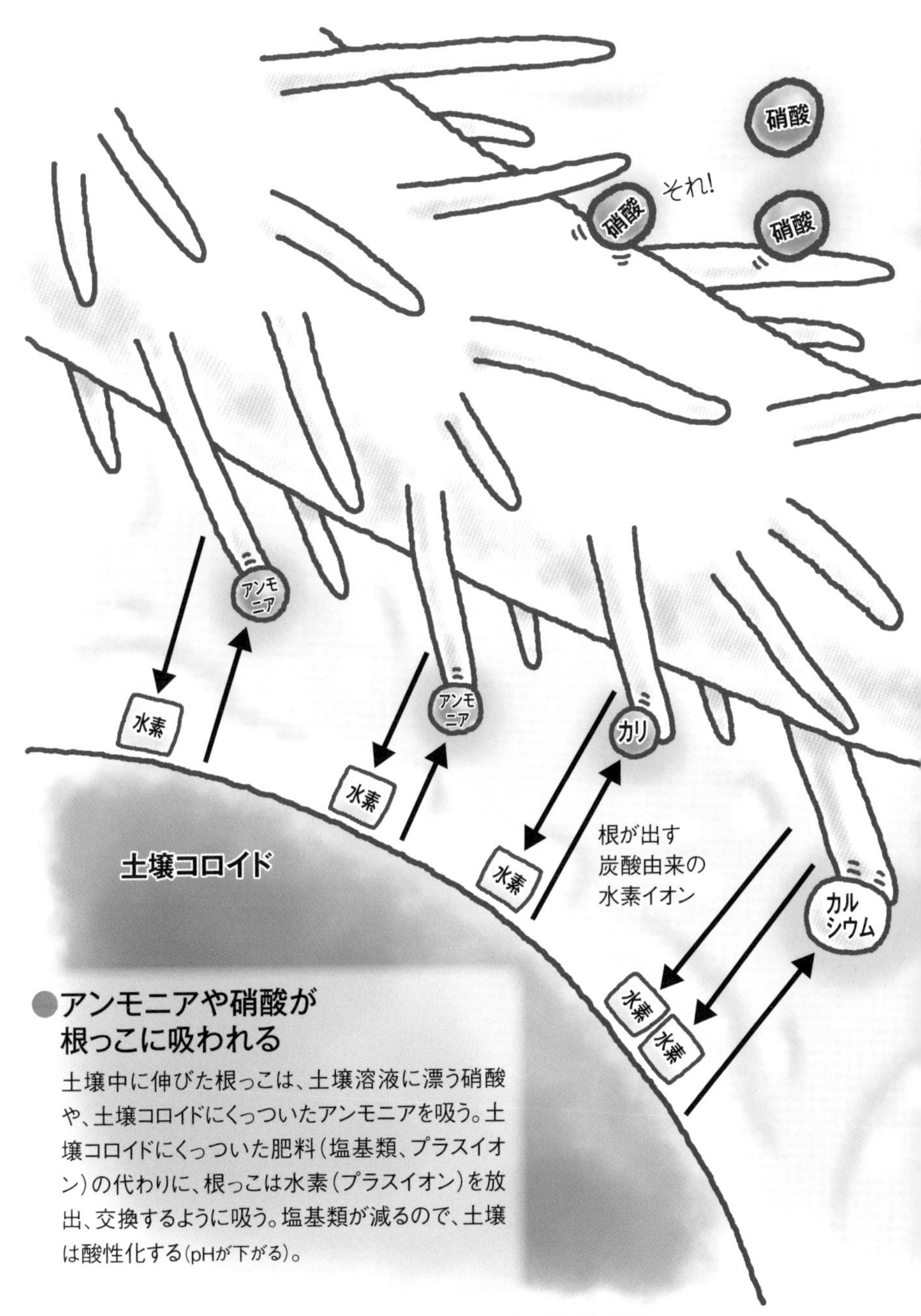

●アンモニアや硝酸が根っこに吸われる

土壌中に伸びた根っこは、土壌溶液に漂う硝酸や、土壌コロイドにくっついたアンモニアを吸う。土壌コロイドにくっついた肥料（塩基類、プラスイオン）の代わりに、根っこは水素（プラスイオン）を放出、交換するように吸う。塩基類が減るので、土壌は酸性化する（pHが下がる）。

作物がチッソを利用するしくみ

作物はチッソを吸収して体をつくり、生長する。その流れを追ってみよう。

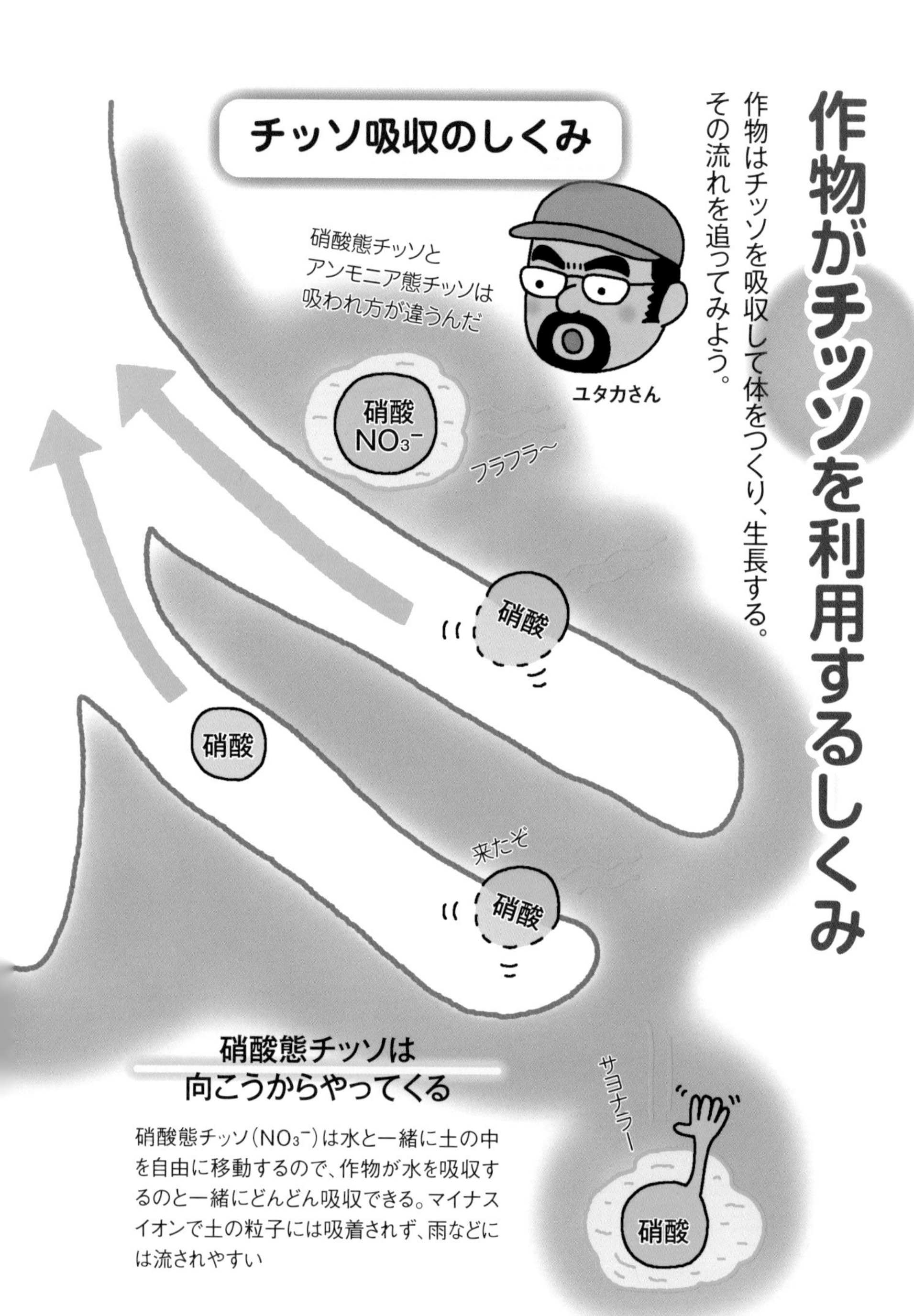

硝酸態チッソは向こうからやってくる

硝酸態チッソ（NO_3^-）は水と一緒に土の中を自由に移動するので、作物が水を吸収するのと一緒にどんどん吸収できる。マイナスイオンで土の粒子には吸着されず、雨などには流されやすい

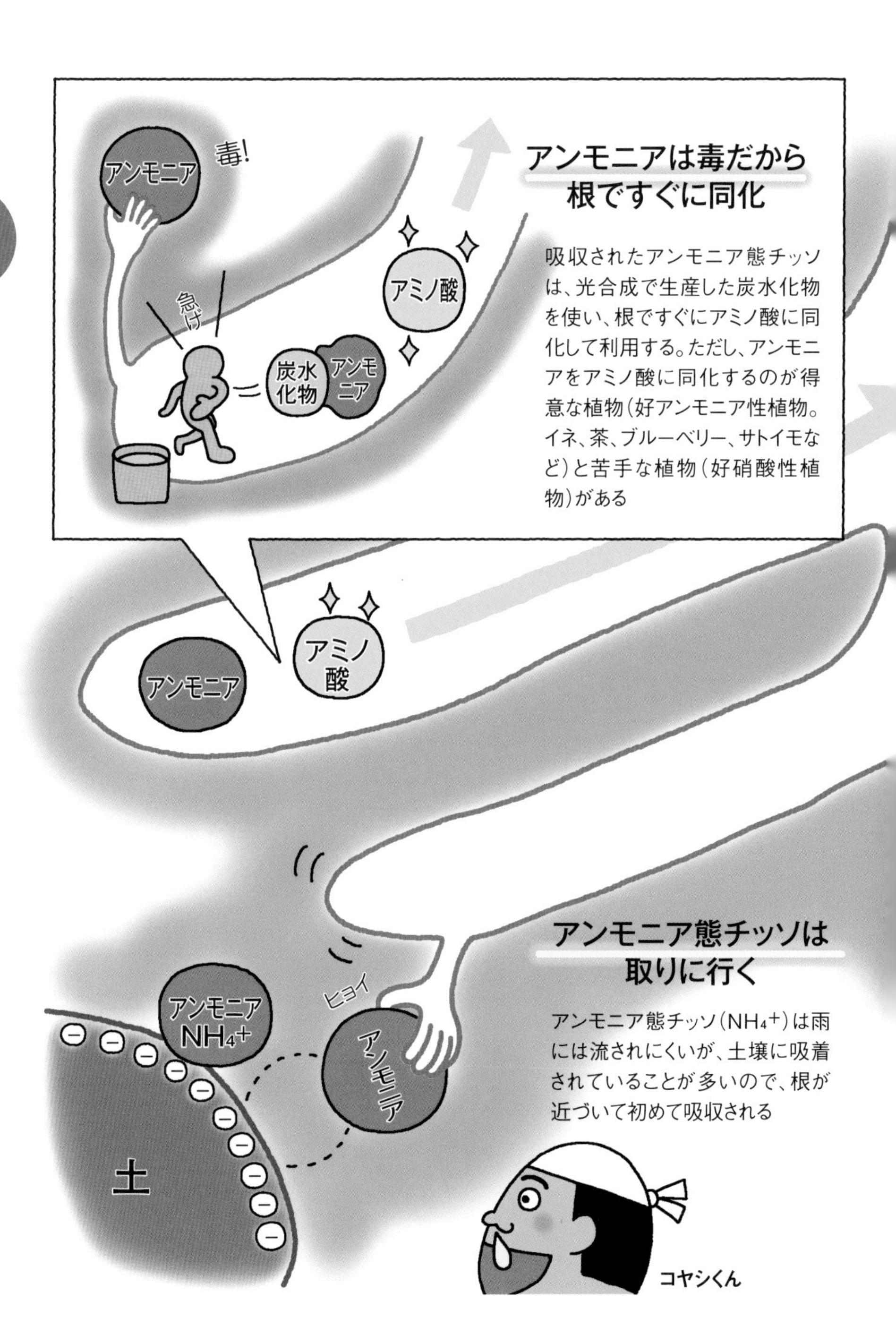
アンモニアは毒だから
根ですぐに同化
吸収されたアンモニア態チッソは、光合成で生産した炭水化物を使い、根ですぐにアミノ酸に同化して利用する。ただし、アンモニアをアミノ酸に同化するのが得意な植物（好アンモニア性植物。イネ、茶、ブルーベリー、サトイモなど）と苦手な植物（好硝酸性植物）がある
アンモニア
毒!
急げ
炭水化物
アンモニア
アミノ酸
アンモニア
アミノ酸
アンモニア態チッソは
取りに行く
アンモニア態チッソ（NH4+）は雨には流されにくいが、土壌に吸着されていることが多いので、根が近づいて初めて吸収される
アンモニア
NH4+
ヒョイ
アンモニア
土
コヤシくん

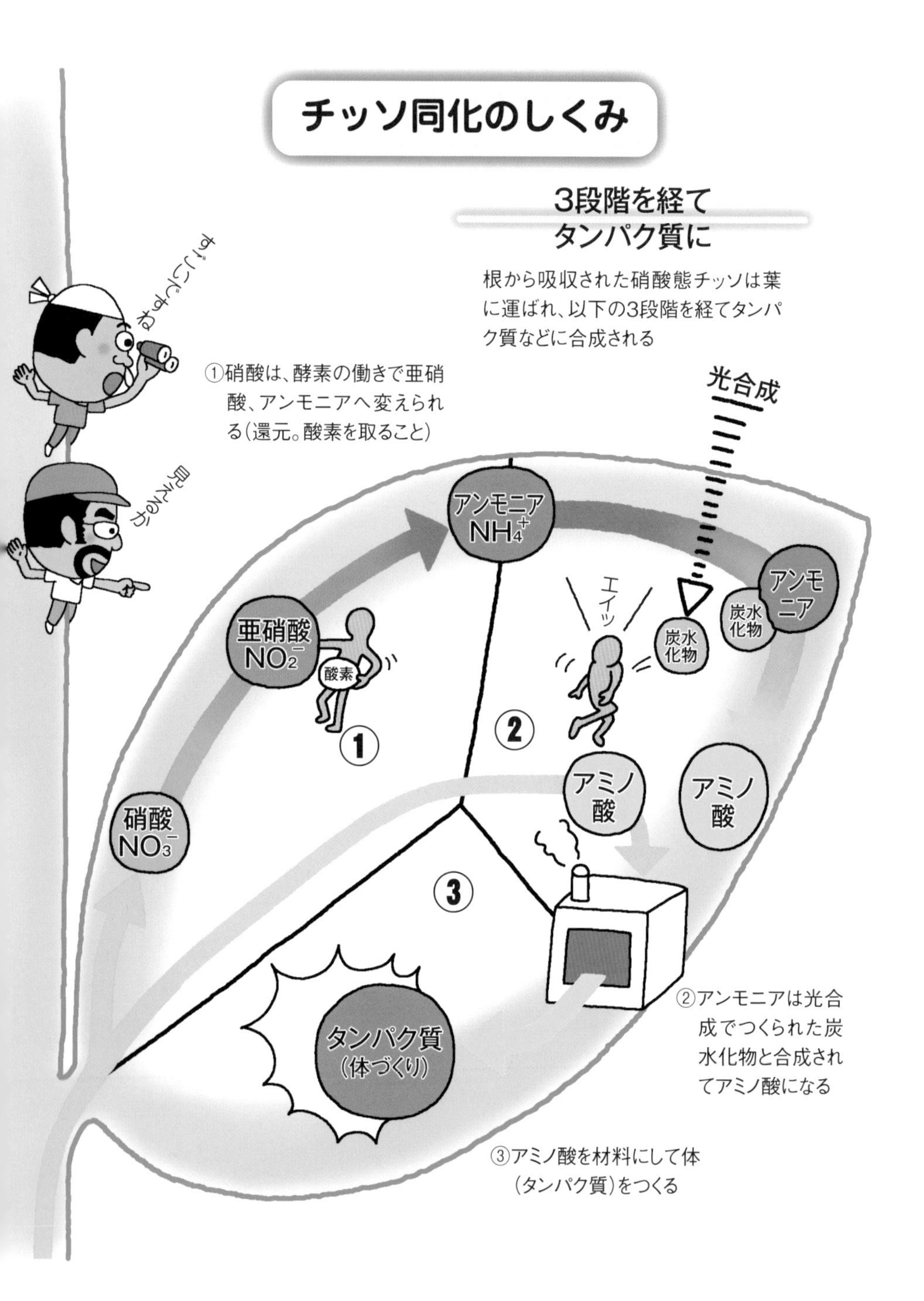

チッソ同化のしくみ
3段階を経て
タンパク質に
根から吸収された硝酸態チッソは葉に運ばれ、以下の3段階を経てタンパク質などに合成される
すごいですね
見えるか
①硝酸は、酵素の働きで亜硝酸、アンモニアへ変えられる（還元。酵素を取ること）
光合成
アンモニア
NH_4^+
エイッ
炭水化物
アンモニア
炭水化物
亜硝酸
NO_2^-
酸素
①
②
硝酸
NO_3^-
アミノ酸
アミノ酸
③
タンパク質
（体づくり）
②アンモニアは光合成でつくられた炭水化物と合成されてアミノ酸になる
③アミノ酸を材料にして体（タンパク質）をつくる

硝酸は体内に貯められる

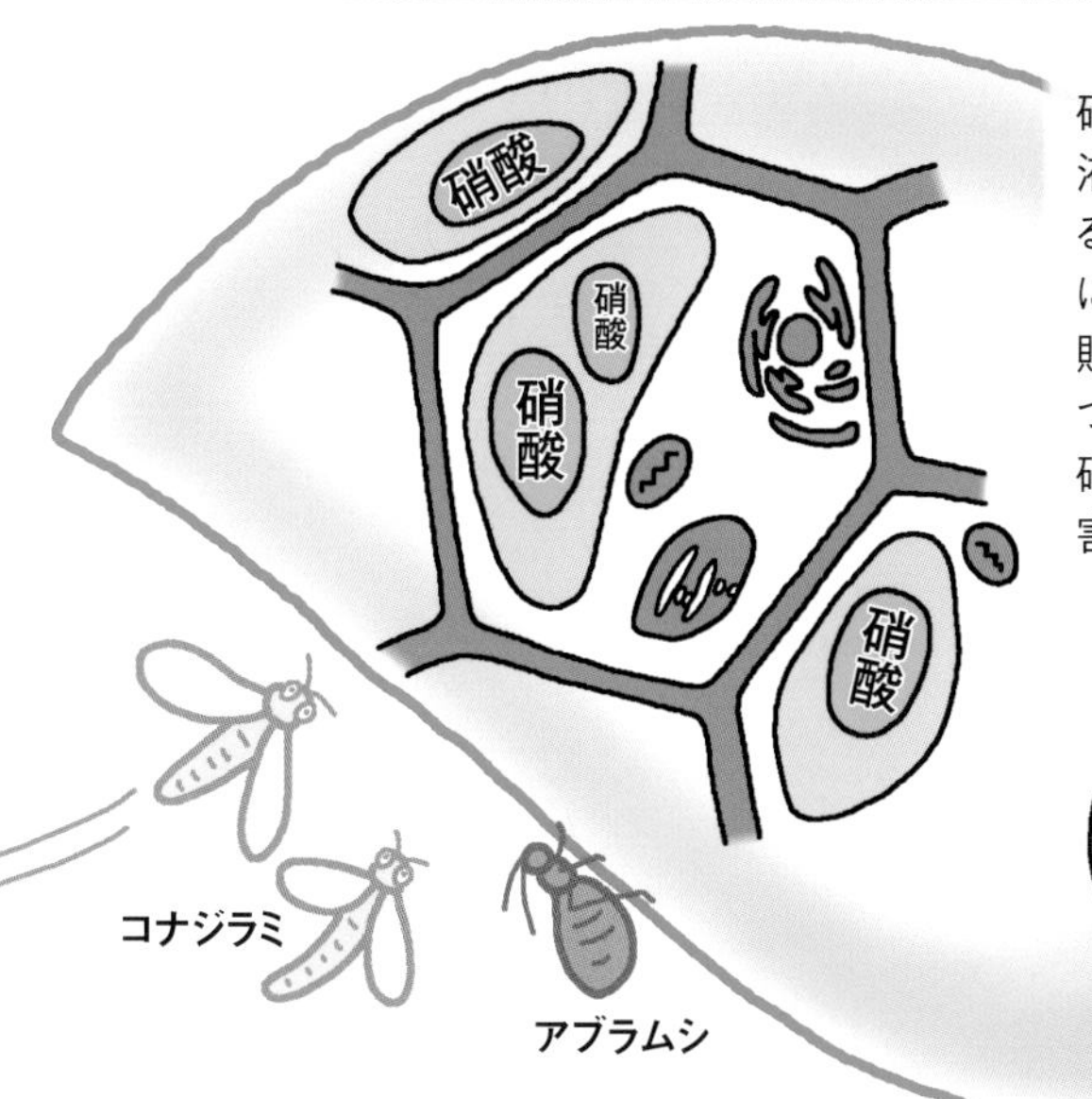

硝酸態チッソは、細胞内の液胞や道管のなかに貯めることができる。いわば「体に貯金できるチッソ」。この貯金を切り崩しながら体をつくって生長する。ただし、硝酸をたくさん貯め込むと害虫が来やすくなる

ウンカ

イネや茶はアンモニアをアミノ酸アミドに変えて貯める

とくにアンモニアを好んで吸収するイネや茶は、毒であるアンモニアが過剰だと、アミノ酸アミドに変え、体内に貯める。硝酸と同様、たくさん貯め込むと害虫が来やすくなる

アミノ酸アミド

イネ

たまったリン酸を使うポイント

どんな状態?

リン酸は土の中にたまりやすく、施肥しても作物に吸収されにくい。でも工夫しだいで、たまったリン酸を作物に吸わせることができる

根

作物はそのまま吸える

③ 土壌溶液リン酸

水に溶けやすい水溶性リン酸で、土壌溶液リン酸とも呼ばれ、もっとも吸われやすい。ある一定量を超えると②になったり、雨が降ると流亡したりする

無機化

④ 有機態リン酸

微生物に取り込まれたリン酸や、作物(緑肥や雑草も)の根に含まれているリン酸。微生物の体や作物の根にくるまれているので、アルミや鉄とくっつきにくい。微生物が死んだり、根が枯れるとゆっくりと無機化していく

流亡

土の中のリン酸は

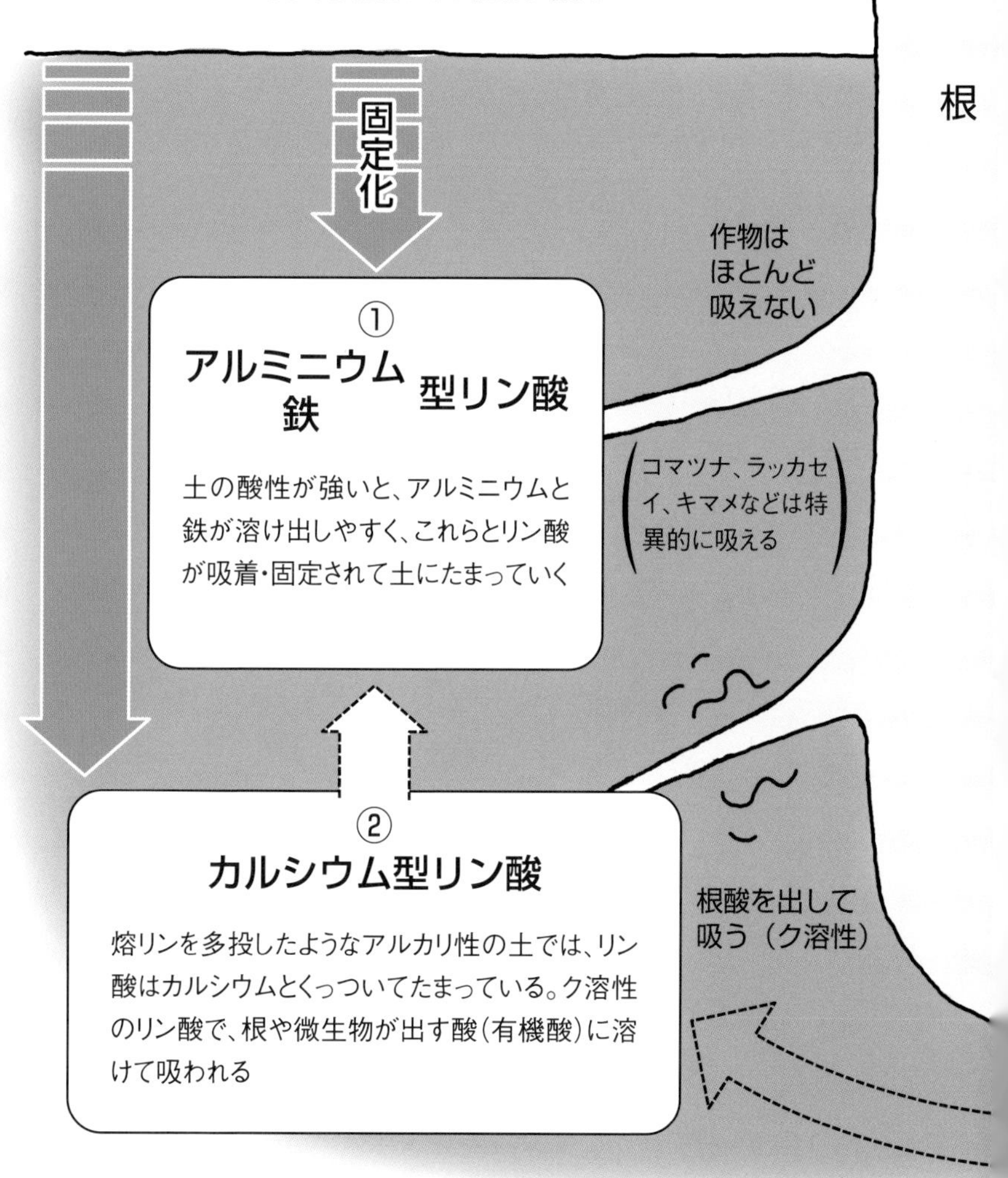

※土壌診断で測られる可給態リン酸は主に②（③も含まれる）
※難溶性リン酸は①②をさすが、とくに①が吸われにくい

を使うには？

苦土施肥

マグネシウム（苦土）とリン酸はお互いに助け合う作用があるので、苦土はリン酸（カルシウム型リン酸）の吸収を促進する

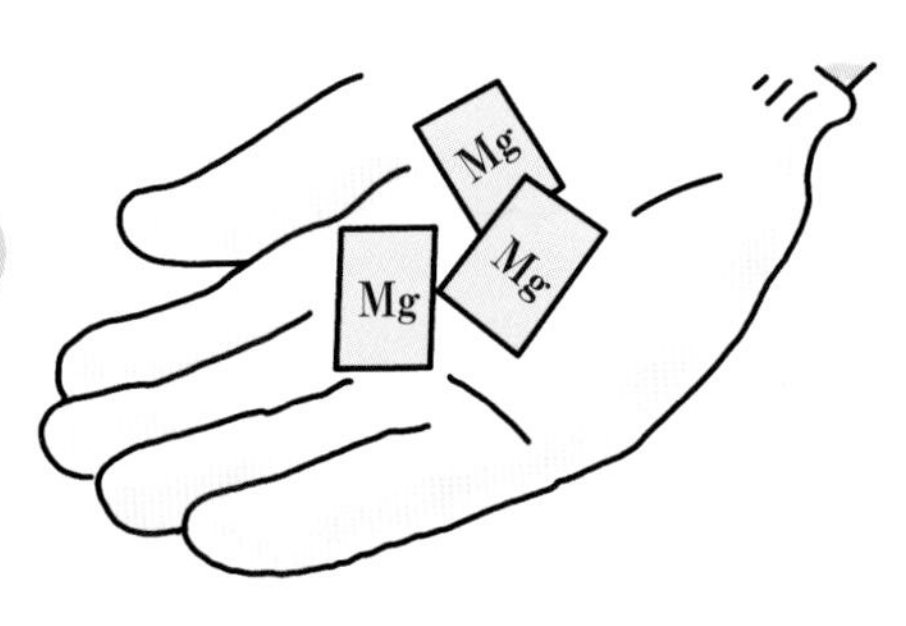

菌の力を借りる

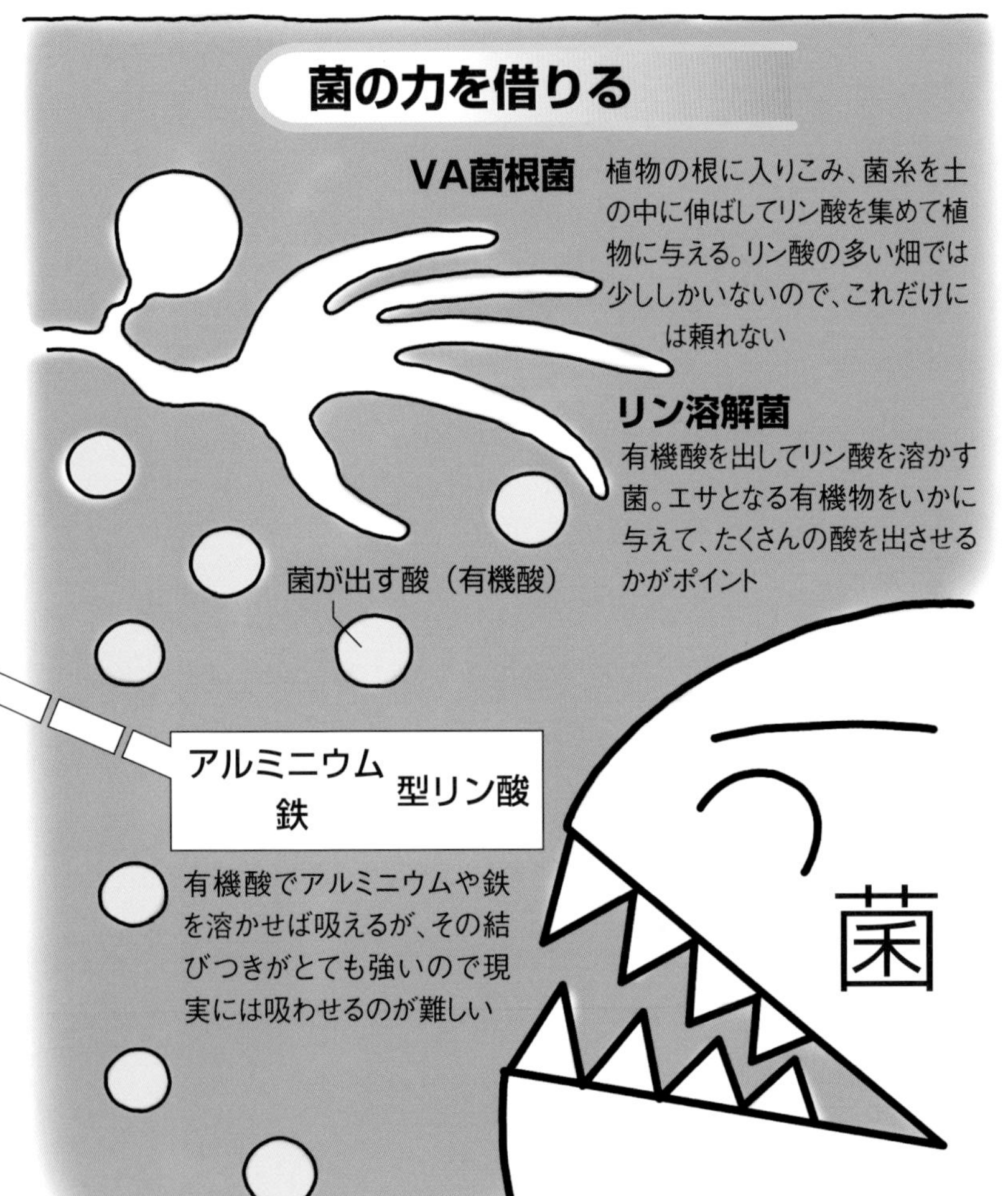

VA菌根菌
植物の根に入りこみ、菌糸を土の中に伸ばしてリン酸を集めて植物に与える。リン酸の多い畑では少ししかいないので、これだけには頼れない
リン溶解菌
有機酸を出してリン酸を溶かす菌。エサとなる有機物をいかに与えて、たくさんの酸を出させるかがポイント
菌が出す酸（有機酸）
アルミニウム
鉄
型リン酸
有機酸でアルミニウムや鉄を溶かせば吸えるが、その結びつきがとても強いので現実には吸わせるのが難しい
菌

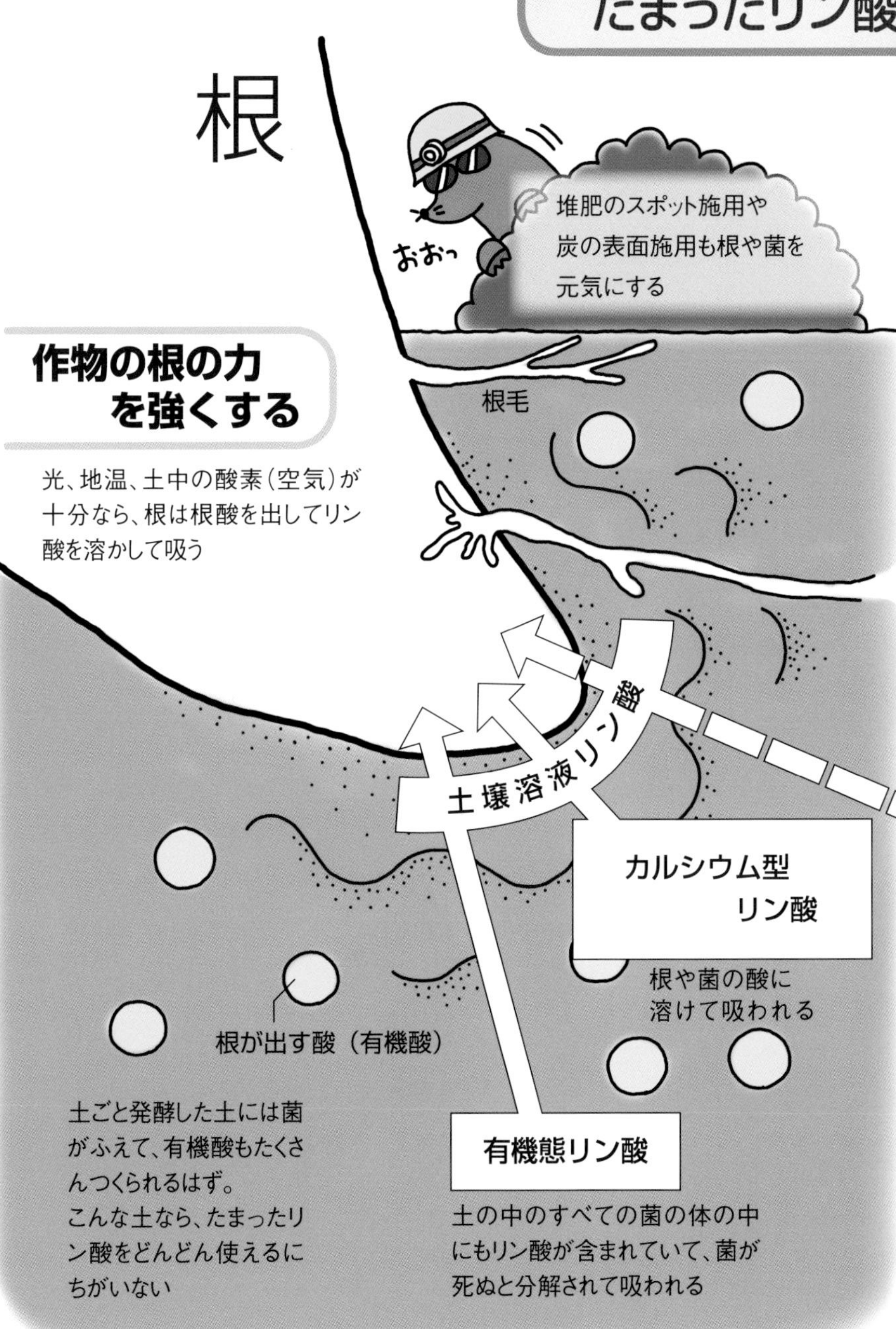
たまったリン酸
根
おおっ
堆肥のスポット施用や
炭の表面施用も根や菌を
元気にする
作物の根の力
を強くする
光、地温、土中の酸素（空気）が
十分なら、根は根酸を出してリン
酸を溶かして吸う
根毛
土壌溶液リン酸
カルシウム型
リン酸
根や菌の酸に
溶けて吸われる
根が出す酸（有機酸）
土ごと発酵した土には菌
がふえて、有機酸もたくさ
んつくられるはず。
こんな土なら、たまったリ
ン酸をどんどん使えるに
ちがいない
有機態リン酸
土の中のすべての菌の体の中
にもリン酸が含まれていて、菌が
死ぬと分解されて吸われる

カリの働きと効かせ方

協力●東京農業大学客員教授・渡辺和彦さん
参考●農業技術大系　土壌施肥編

カリの働き
——実を太らせ、茎をかたくするというけれど…

カリは実肥だ、玉肥だとよくいわれているけれど、本当のところどうなのだろう。最近は、カリを与えると病気に強くなるという話もあるけれど、どういうしくみなのだろうか。そもそも畑にふられたカリは土の中でどうなっていて、どのように作物に吸われていくのだろう。

メロンもリンゴも肥大にはカリ

まず、「カリは実肥」ということについてメロンで調べてみた。メロン1株の果実、種子、葉、茎、根それぞれに吸収された養分をみた試験では、たしかに果実に含まれる成分はカリがいちばん多い。しかもカリの合計吸収量のうち半分以上が果実に送られている（図1）。生育を追ってみていくと、カリはチッソとともに交配期近くになると急激に吸収量が増し、その後、果実が大きくなるにつれてしだいに緩やかになり、成熟期には低下するという（図2）。

リンゴでもほぼ同じで、満開後の果実中のチッソ、リン酸、カリの含量の変化を調べた試験では、果実が大きくなるにつれてカリ含量は増えている。果実の肥大期にはカリがよく効くように追肥することが大事のようだ。

リグニンなど繊維質を増やす

カリをやるとイネがかたくなるということもよく聞くが、これはカリが繊維質を増やして細胞壁を厚くしてくれるからのようだ。カリはセルロースやリグニンなどの細胞壁物質の合成をさかんにし、風による倒伏を防ぎ、病気に対する抵抗性を高める。兵庫県ではカーネーションでも、カリが茎をかたくするのは有名な話だそうだ。

カリ不足で葉にアマイド類＝病原菌のエサがたまる

カリはタンパク質合成のあらゆる段

階で酵素を活性化するともいわれている。だからカリが足りなくなると、葉の中にタンパク質の前駆物質であるアマイド類がたくさんたまる。これらは病原菌のエサでもあるので病気にかかりやすくなるのだという。

カリは転流をさかんにさせる、樹液pHが高いほど元気

おもしろいのは、カリはとくに養分転流をさかんにする元素だということだ（図3）。光合成産物の転流が多ければもちろん収量が高まるのだが、耐病性向上にもつながるようだ。

渡辺先生によれば、おもに転流器官

図1　アールスメロンの養分吸収量（g／株）

増井、1967を編集部で改変

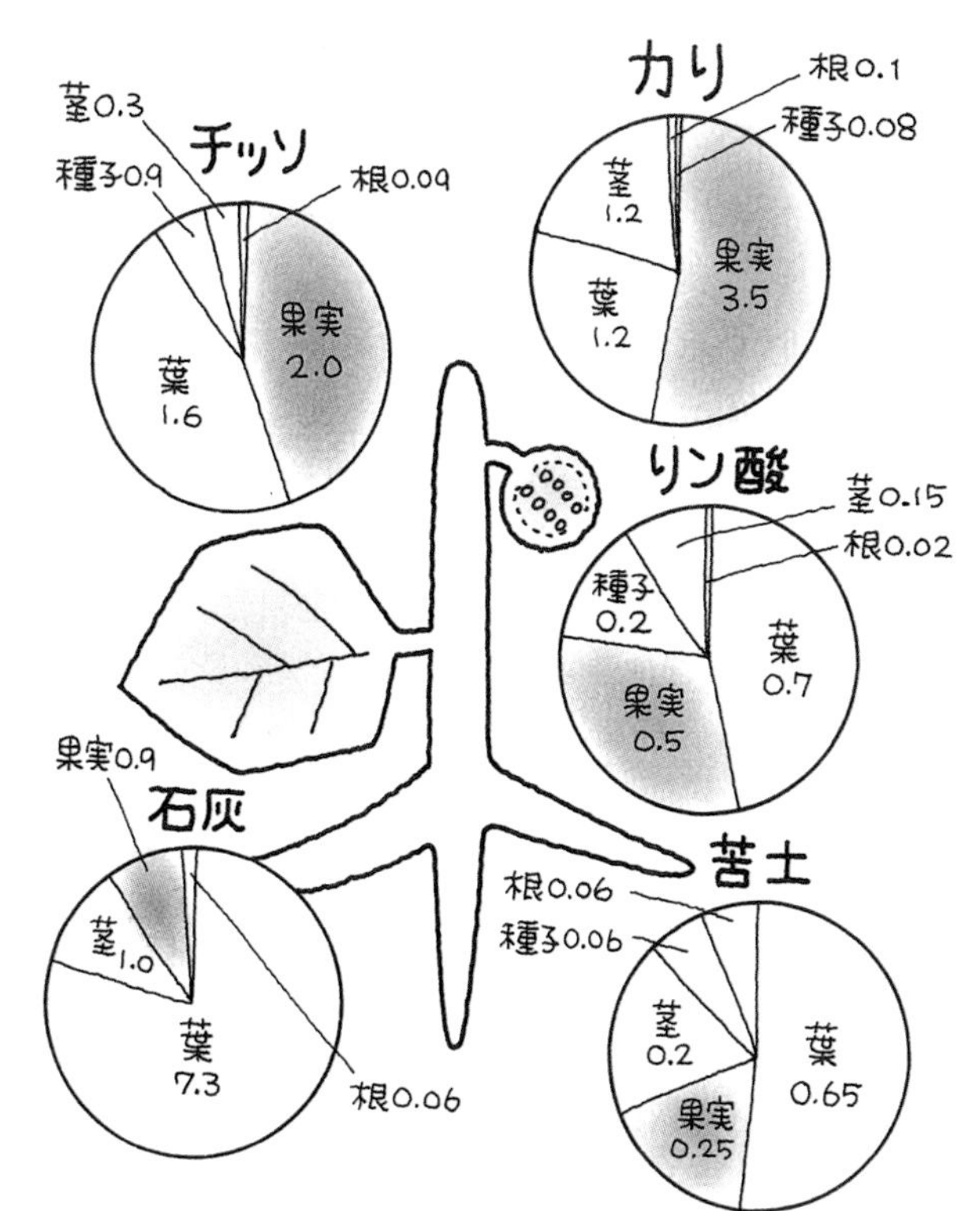

各成分の合計吸収量はチッソ4.39、リン酸1.57、カリ6.78、石灰9.29、苦土1.22

図2　メロンの養分吸収量（近藤、1962）

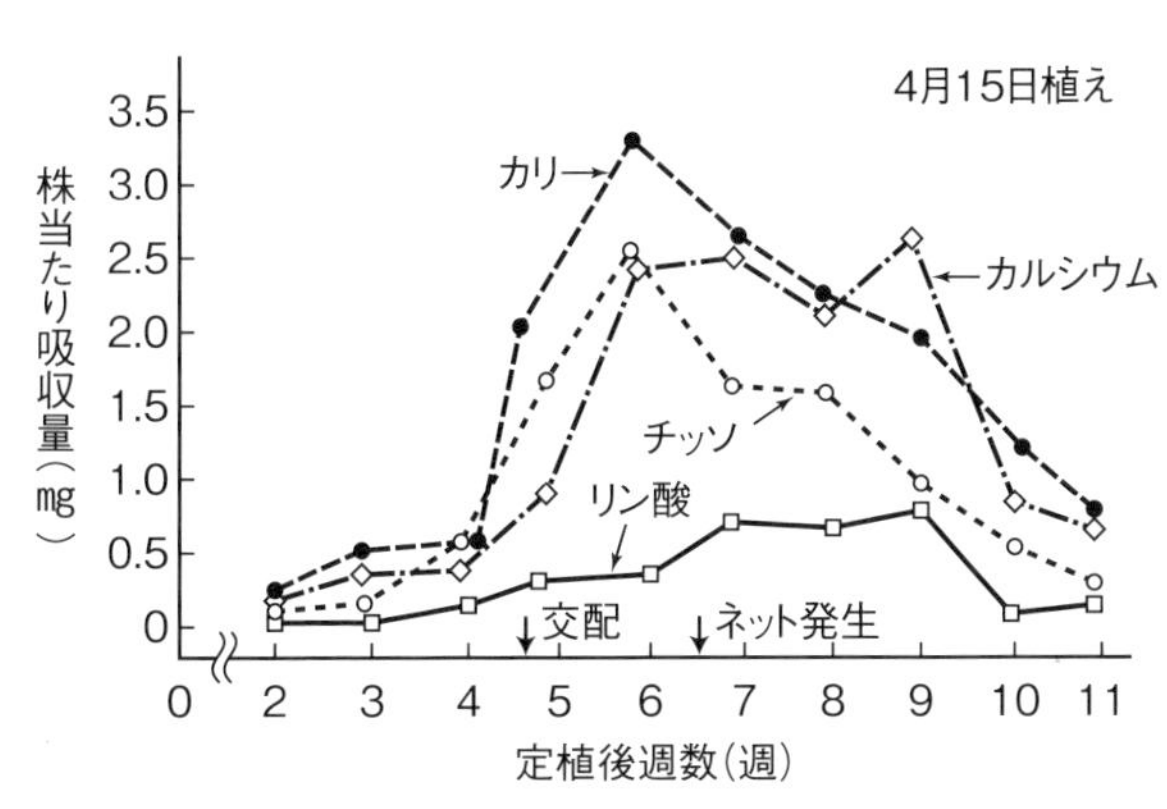

である篩管と、養分を地上部へ運ぶ導管のpHをみると、導管が5・0〜5・5なのに対し篩管は7・8〜8・0。元気な作物ほど篩管の転流が多い。――「元気で病気に強い作物ほど樹液のpHが高い」といわれている。「樹液pH診断」では導管と篩管の両方をいっぺんにつぶしてpHを測っているわけで、なるほど篩管のpHの高さ＝転流のよさが影響しているのかもしれない。茨城のピーマン農家たちが、「体内カリが減ると樹液pHが下がり、病気になる」といっていたのは鋭い目のつけどころではないだろうか。

図3　カリは運び屋

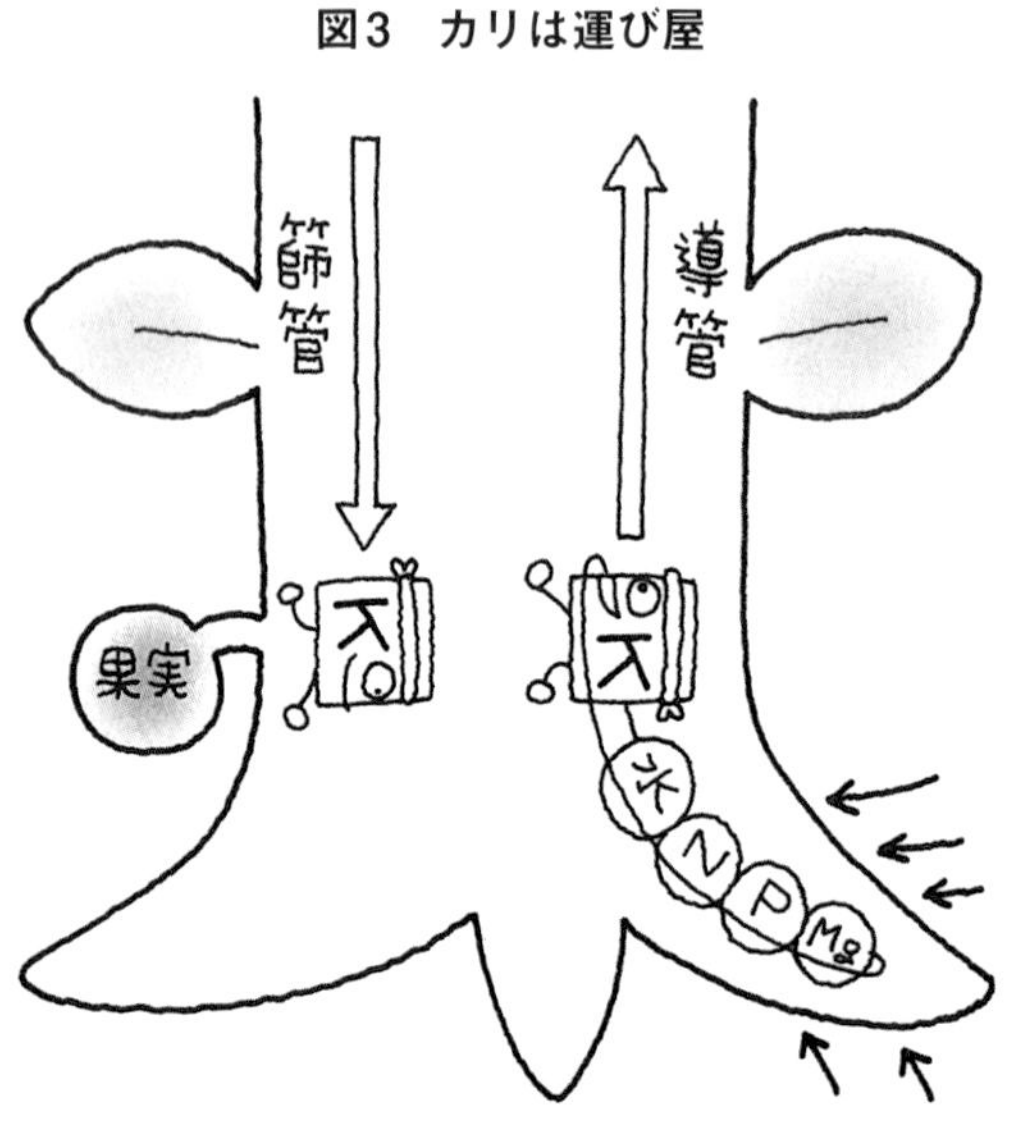

根からカリが吸収されると、カリによって木部組織の浸透圧が高まり、水分がさかんに吸収されるようになる。そのときに同時に各養分を茎葉へ運ぶ。また転流器官である篩管はカリ濃度がもっとも高い

土の中のカリと吸われ方
――やりすぎても過剰害は出にくいが、油断すると欠乏しやすい

遅効性カリは無視できないが…

カリはどのようにして作物に吸われるのだろう。土の中のカリの関係を表したのが図4だ。

作物の根が直接吸うことができるのは土壌溶液に溶けたカリ（①）。このカリが減ると、それを補うように土壌に吸着されているカリ（②）が溶け出し均衡を保つ。このふたつがもっとも作物に吸収利用されやすいカリで、土壌診断で測っているのもこれらだ。

しかしじつは、これらを合わせても全土壌カリの1〜2％（！）にすぎず、残りは粘土にかたく吸着された固定態カリ（③）と鉱物中のカリ（④）

図4　土の中のカリの動き

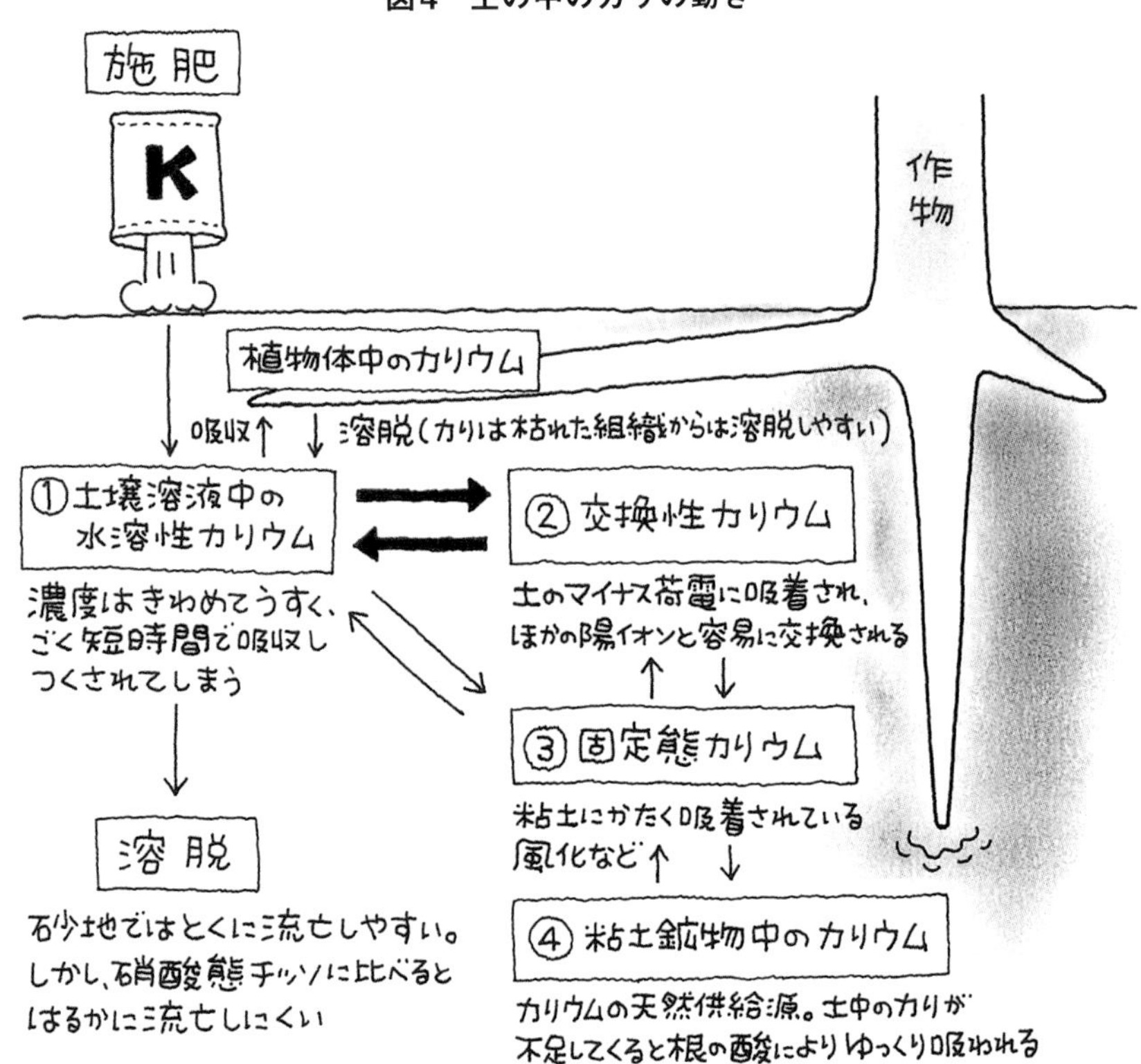

施肥
K
作物
植物体中のカリウム
吸収
溶脱（カリは枯れた組織からは溶脱しやすい）
①土壌溶液中の水溶性カリウム
濃度はきわめてうすく、ごく短時間で吸収しつくされてしまう
②交換性カリウム
土のマイナス荷電に吸着され、ほかの陽イオンと容易に交換される
③固定態カリウム
粘土にかたく吸着されている
風化など
④粘土鉱物中のカリウム
カリウムの天然供給源。土中のカリが不足してくると根の酸によりゆっくり吸われる
溶脱
砂地ではとくに流亡しやすい。しかし、硝酸態チッソに比べるとはるかに流亡しにくい

※土壌診断で測られるのは①と②。③と④は非交換性カリウムと呼ばれるが、作物のカリ要求量が交換性カリ含量以上だと、非交換性カリが交換性へと変化し、吸われるようだ（①→②→③→④の順で吸われやすい）

だといわれている。作物のカリ要求が交換態カリ含量以上の場合には、風化や植物根によってゆっくりではあるが固定態カリと鉱物中のカリが順次、交換性カリに変化していくという。それゆえ、カリ肥料をまったくやらなくても、欠乏症状がでないこともある。

生育後半にカリ要求量が増す野菜はチッソの倍のカリを吸う

しかしカリは油断をすると生育後半に供給が間に合わなくなる。幼植物のうちはカリ要求量も少なく土に潜在している量で足りているが、生育がすすんでくると、体内のカリ要求量が急激に増えるため、供給がおいつかず、欠乏症状が出る。

また施肥をきちんとやったとしても、野菜はチッソの1・5倍から2倍のカリを吸収するため、チッソと同量のカリをやって野菜を連作していると、しだいに土の中のカリが減り、生育後期にカリ欠乏が出てくる。

またチッソとは拮抗関係にあり、チッソのやりすぎでもカリ欠乏は出やすい。

カリ過剰害は土耕では出にくい

ところでカリをやりすぎると、養分間の拮抗により苦土欠などの過剰害が現れるといわれているが、「土耕では過剰障害は出にくい」と渡辺先生はいう。

水耕試験では過剰障害が出るが、土耕トマトに硫酸カリを多量施用した試験では、葉に苦土欠症状はまったくみられなかった（表1）。このちがいは粘土鉱物があるかないかのちがいであり、土耕の場合カリは粘土に吸着されるから、直接の拮抗作用は弱まるという。「カリは悪さをしない」が渡辺先生の考えだ。

カリの使い方
——5：2：1を基本に追肥を

カリ吸収が多いのは果菜類、イモ、マメ類、花卉類

もっとも、カリをやみくもにやればいいという話ではない。カリの吸収が多い作物では、石灰5：苦土2：カリ1を維持するように追肥したい。

カリ吸収が多い作物は、果菜類、イモ、マメ類、花卉類など。カーネーションはチッソの1・3〜1・5倍のカリを吸収し、特に蕾のときに葉から蕾にカリが移行するそうだ。

それに比べると葉・根菜類ではカリ吸収量が少ない。

カリ肥料のいろいろ

さて、カリをムダなく効かせるには肥料の選択が大切だ。カリ肥料にもいろいろある（表2）。

塩化カリは多量にやると濃度障害が出やすいので注意が必要。その点、硫酸カリは、濃度障害が出にくい。

重炭酸カリはさらに濃度障害をおこしにくい。茨城の斎藤浩さんが「通路にふって水をやると炭酸ガス施用効果もある」と愛用している。

ケイ酸カリは緩効性ではあるが、微量要素がたくさん含まれているので根が元気になり、カリ吸収を高める。

自給肥料としては草木灰が有名。アルカリ性だが土が硬くならない、リン酸や微量要素も含むなどの特徴がある。

肥料とはちょっとちがうが、敷ワラもカリ源だ。ワラにはカリが多く含まれているし、カリは「死んだ組織」からは雨でも簡単に溶け出してくるそうだ。

郵便はがき

おそれいります
が切手をはって
お出し下さい

3350022

（受取人）
埼玉県戸田市上戸田
2丁目2－2

農文協
読者カード係 行

◎ このカードは当会の今後の刊行計画及び、新刊等の案内に役だたせて
いただきたいと思います。 はじめての方は○印を（ ）

ご住所	（〒 － ） TEL： FAX：
お名前	男・女 歳
E-mail：	
ご職業	公務員・会社員・自営業・自由業・主婦・農漁業・教職員（大学・短大・高校・中学・小学・他）研究生・学生・団体職員・その他（ ）
お勤め先・学校名	日頃ご覧の新聞・雑誌名

※この葉書にお書きいただいた個人情報は、新刊案内や見本誌送付、ご注文品の配送、確認等の連絡のために使用し、その目的以外での利用はいたしません。

● ご感想をインターネット等で紹介させていただく場合がございます。ご了承下さい。

● 送料無料・農文協以外の書籍も注文できる会員制通販書店「田舎の本屋さん」入会募集中！
案内進呈します。 希望□

■毎月抽選で10名様に見本誌を1冊進呈■（ご希望の雑誌名ひとつに○を）

①現代農業　②季刊 地 域　③うかたま

お客様コード

お買上げの本

■ご購入いただいた書店（　　　　　　書店）

●本書についてご感想など

●今後の出版物についてのご希望など

この本をお求めの動機	広告を見て（紙・誌名）	書店で見て	書評を見て（紙・誌名）	インターネットを見て	知人・先生のすすめで	図書館で見て

◇ 新規注文書 ◇　　郵送ご希望の場合、送料をご負担いただきます。

購入希望の図書がありましたら、下記へご記入下さい。お支払いはCVS・郵便振替でお願いします。

（書名）	（定価）￥	（部数）　部
（書名）	（定価）￥	（部数）　部

表1 トマト（土耕）に硫酸カリを多量施用しても苦土欠なし
（S52、兵庫農試より まとめ編集部）

圃場ナンバー	反当施肥量（kg）	置換性カリ（mg/100g）	収穫終期の植物分析結果（%）				収量（t/10a）
	カリ	カリ	葉カリ	葉苦土	葉柄カリ	茎カリ	強力日光1号
1	45	143	2.96	0.96	3.88	2.38	9.3
2	45	129	3.02	0.88	3.72	2.54	10.5
3	45	147	2.23	0.81	3.74	2.92	10.7
4	45	141	3.21	0.91	4.57	3.16	11.1
5	65	176	2.60	0.79	3.77	2.74	10.3
6	130	242	3.27	0.99	3.91	2.74	10.1
7	195	269	3.01	0.91	3.90	3.16	10.1
8	260	284	3.18	0.89	4.43	3.41	9.8

※過去8年間トマトを標準施肥量で連作し、この年、上記のように8圃場でカリだけ施肥量を変え（チッソは30kg、リン酸は25kg施用）、トマト植物体中に吸われた成分量をみた。品種は強力日光1号

表2 おもなカリ質肥料（全農施肥技術者ハンドブックを編集部で加筆）

肥料名	性 状	カリ成分量（%）	水溶性	吸湿性	肥効	備 考
塩化カリウム（塩化カリ）	白色または赤褐色結晶	水溶性58～62%	溶解	中	速効性	着色は産地による。酸性肥料
硫酸カリウム（硫酸カリ）	白色または灰白色結晶	水溶性48～50%	溶解	中	速効性	濃度障害が出にくい。酸性肥料
サルポマグ（硫酸カリ苦土）	白色または淡褐色結晶	水溶性カリ48～50%、水溶性苦土8～18%	溶けにくい	なし	やや緩効性	
ケイ酸カリウム（ケイ酸カリ肥料）	灰白色粒状	ク溶性カリ20% 可溶性ケイ酸30% ク溶性苦土4% ク溶性ホウ素0.1%	難溶性	なし	やや緩効性	緩効性カリ肥料
重炭酸カリウム（重炭酸カリ）	白色結晶	水溶性46%	溶解	中	速効性	塩類集積がない。カリが吸収された後はCO_2に。アルカリ性
草木灰		水溶性5%ていど（原料により異なる）			速効性	主成分は炭酸カリウム。アルカリ性。土が硬くならない。リン酸と微量要素を含む

花咲かじいさんは
カリ肥料をまいてたんデスネ

石灰（カルシウム）の働きと効かせ方

石灰が効けば、作物は病気にかなり強くなることがわかってきた。
それは、石灰のいろんな働きで作物が体内から強くなるからだ。
石灰は作物の体内でどんな働きをするのかな？

ボク、カル君が
ご案内しま〜す

炭水化物を実のほうへ移行させる

作物は石灰を生育中期から成熟期にかけて多く必要とするといわれている。それは石灰が同化養分を貯蔵器官（子実）に移行集積させる働きがあるからだ

根を伸長させる

石灰は、植物の分裂組織、とくに根の先端の生育に欠かせない

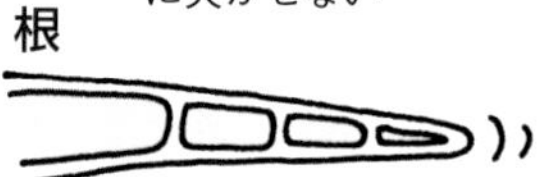

石灰を好んで吸収する石灰植物には、ダイズなどのマメ科作物をはじめ、トマト、キャベツ、タマネギ、サトイモ、ミカン、ブドウ、リンゴなどがある

石灰は作物の生育に不可欠な肥料

細胞壁を強化する

ペクチン酸と石灰が結びついてできる作物体の細胞壁が丈夫になり、病気に強くなる

いろいろなストレスに強くなる

石灰がよく吸われると低温や乾燥、病原菌の侵入などにあってもすぐ感知して対応できる

う〜ん、石灰ってなかなかたいした「肥料」だね。土の酸性を中和する「土壌改良材」として使うだけじゃ片手落ちもいいところだ。では、次のページで石灰がどう吸われるか、見てみよう

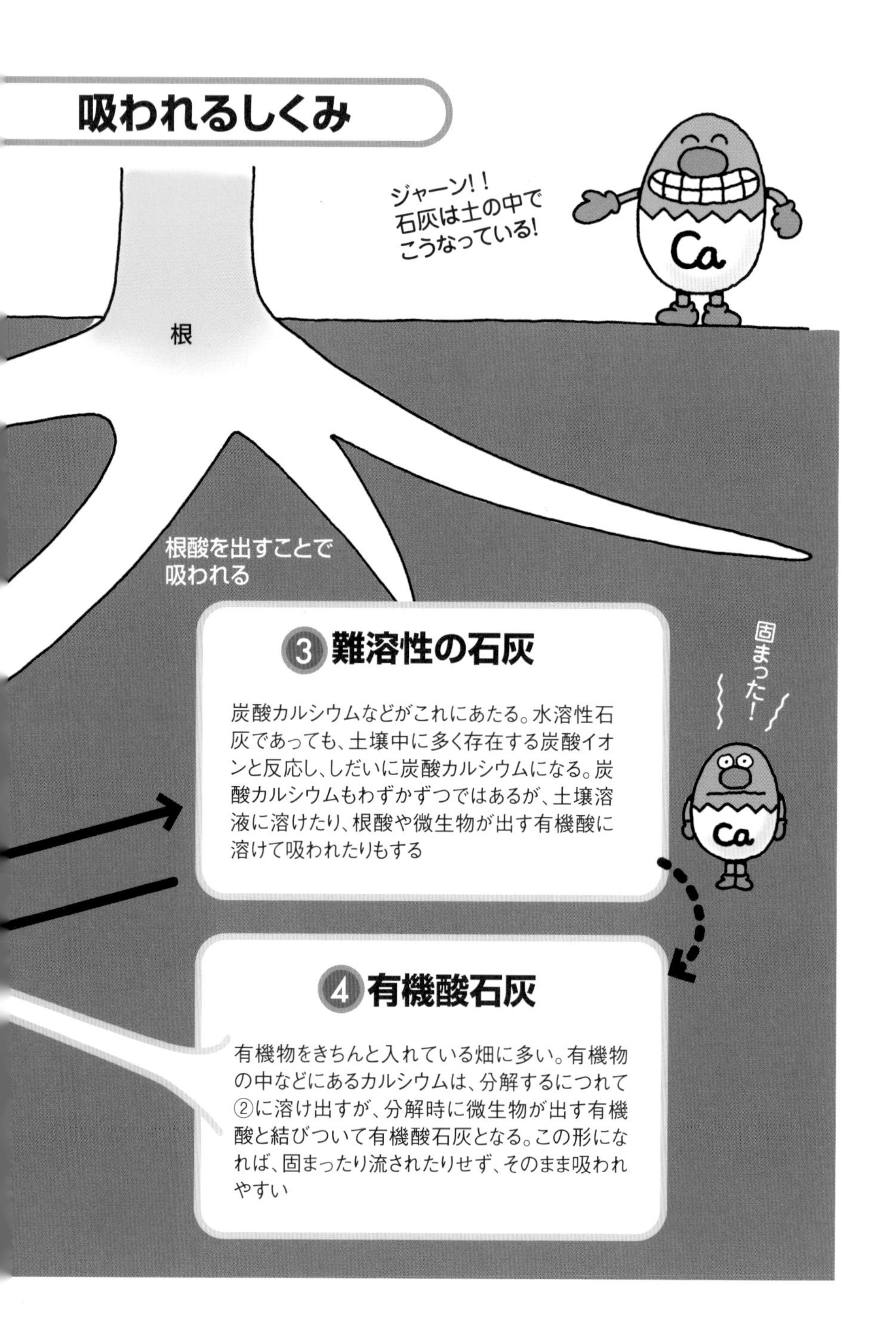

吸われるしくみ
ジャーン!!
石灰は土の中で
こうなっている!
Ca
根
根酸を出すことで
吸われる
③難溶性の石灰
炭酸カルシウムなどがこれにあたる。水溶性石灰であっても、土壌中に多く存在する炭酸イオンと反応し、しだいに炭酸カルシウムになる。炭酸カルシウムもわずかずつではあるが、土壌溶液に溶けたり、根酸や微生物が出す有機酸に溶けて吸われたりもする
固まった!
Ca
④有機酸石灰
有機物をきちんと入れている畑に多い。有機物の中などにあるカルシウムは、分解するにつれて②に溶け出すが、分解時に微生物が出す有機酸と結びついて有機酸石灰となる。この形になれば、固まったり流されたりせず、そのまま吸われやすい

土の中の石灰と

① 土壌コロイドに吸着された石灰

交換性石灰ともいい、土壌診断で測られる石灰はおもにこれ（②の石灰も一緒に測るが、②は量がそもそも少ない）

吸えない

植物の根が②の土壌溶液中の石灰を吸収すると、①（③からも）からわずかずつではあるが溶け出てくる（互いに平衡状態にある）

② 土壌溶液中の石灰

水溶性石灰と呼ばれ、カルシウムイオンが単体で水に溶けている。ある一定量を超えると③になったり、雨が降ると流亡したりする

（平衡状態）

おやおや、石灰って地下に流されたり、土の中の他の養分とくっついて固まったり、吸われにくいんだね（アンモニアやカリがたまっているとなおさら）。どうしたら吸いやすくなるのかな？

流亡

❶ 追肥で与える

作物は石灰を生育の中〜後期に多く欲しがっているのに、そもそも効かせづらい石灰を元肥だけに入れていては必要量をまかないきれない。必要なときに効きやすい形で与えるのがよさそう。方法は、左ページのように、ふりかけ、水や有機酸に溶かすなど、いろいろだ。

ちなみに、これまでたびたび紹介してきた「塩基バランス施肥」(土壌分析をして、石灰・苦土・カリのバランスを整えるやり方)も、作の途中の石灰追肥を重視している

❷ 元肥なら、有機酸石灰で与える

石灰は土の中で作物に吸われる前に固まったり、逆に流れてしまったりしやすいが、微生物を仲立ちさせるとぐんと効きやすくなる。そこで堆肥の中に過リン酸石灰や消石灰、石灰チッソなどを混ぜたり、ボカシにカキ殻を混ぜたりすれば、有機物が分解するにつれて溶け出し、有機酸石灰となる。元肥に入れても長く効きやすい。

石灰集中施用も、根酸で有機酸石灰化して吸わせる工夫だ

石灰の層状施用

いまどきの石灰の効かせ方

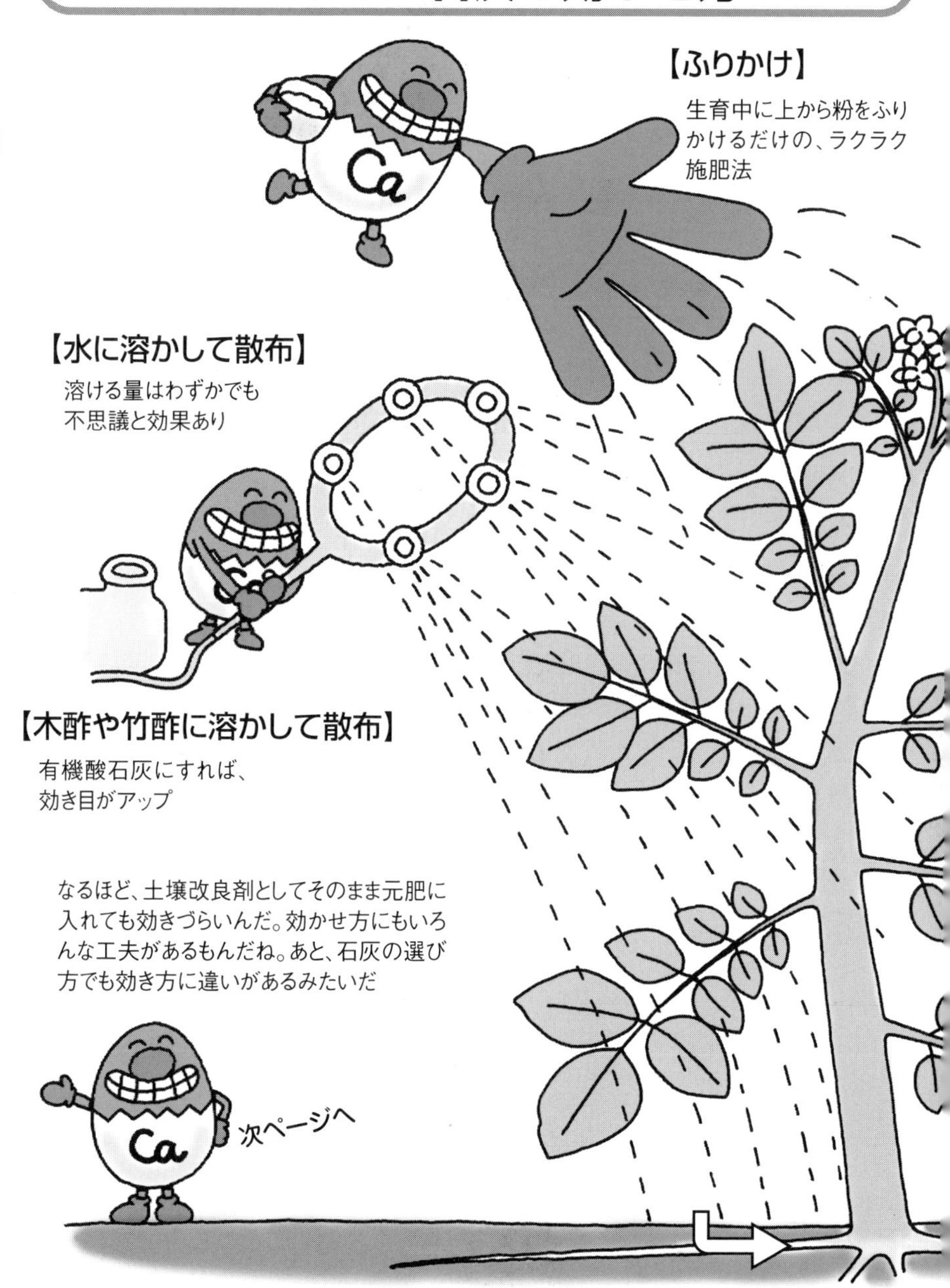

の特性と使い方

使い方例など

土の酸性中和力は速効的で、施用して7〜10日たってから植え付ける。生石灰の水溶液をトマトの株元に流し込むと青枯れをほぼ止めることができる

空気中に放置すると、二酸化炭素を吸収して炭酸カルシウムに変化するので施肥後は土とよく混ぜる。水に比較的溶けて効きやすい石灰で、追肥として使う農家も多い。土のpHを上げるので酸性土壌向き

酸性中和力はやや遅効的なのですぐに作付けできる。水に溶いたけん濁液を定植直後、ハクサイの根元にかん注すると根こぶ病を抑えることができる

1000倍液の上澄みをダイコンにまくと軟腐病が止まる

効き目がおだやかで、キュウリやピーマンの生育中にそのままふりかけるとほとんどの病気を抑える。カキ殻を木酢や竹酢と混ぜて葉面散布やかん注をすると、エダマメが増収したり、キュウリの耐病性が高まったり、イチゴの肥大や日持ちがよくなったりする

高温で焼いて微粉末にしたものをイネに直接散布すると、イモチ病が止まる

pHが5.5以下なので畑のpHを上げずに石灰を効かせることができる。中性からアルカリ土壌向き。リンドウに追肥すると灰色カビ病が治り、葉も立ち、日持ちもよくなる

pHは3前後と低く、石こうを50%前後含むリン酸質肥料

葉面散布剤(商品名カルクロンなど)として市販されている。石灰吸収量を多くすることができるが薬害を生じやすいともいわれる

チッソ肥料に指定されていて、水耕栽培によく使われる。被覆硝酸石灰(商品名ロングショウカル)や硝酸石灰液肥(スミライム)などが市販されている

石灰を含む肥料

種類	主成分	土壌中で呈するpH	製法・性質
生石灰	酸化カルシウム CaO	アルカリ性(強)	石灰岩を焼き、炭酸ガスを放出させたもの。水を加えると発熱して消石灰になる(やけどに注意)
消石灰	水酸化カルシウム $Ca(OH)_2$	アルカリ性(強)	生石灰に水を加えたもの
炭酸カルシウム(炭カル)	炭酸カルシウム $CaCO_3$	アルカリ性	石灰岩を粉末にしたもの。有機酸や炭酸を含む水に溶けて徐々に肥効を発揮
苦土石灰(苦土カル)	炭酸カルシウム $CaCO_3$ 炭酸マグネシウム $MgCO_3$	アルカリ性	石灰岩の中でも炭酸カルシウムを含むドロマイトを粉末にしたもの
カキ殻石灰	炭酸カルシウム $CaCO_3$	アルカリ性	カキ殻をそのまま乾かして砕いたものと、高温で焼いたものなどがある。焼く温度により水溶性石灰になるといわれている
ホタテ貝殻石灰	炭酸カルシウム $CaCO_3$	アルカリ性	これもホタテ貝殻をそのまま乾かして砕いたものと、高温で焼いたものがある。カキ殻より炭カル含量が高いといわれている
硫酸石灰(石こう)	硫酸カルシウム $CaSO_4$	中性	リン鉱石が原料。過リン酸石灰の抽出残渣
過リン酸石灰	第一リン酸カルシウム $Ca(H_2PO_4)_2H_2O$ 硫酸カルシウム $CaSO_4$	酸性	リン鉱石に硫酸を加えてつくる
塩化カルシウム	塩化カルシウム $CaCl_2$	酸性	吸湿性が高い
硝酸カルシウム	硝酸カルシウム $CaNO_3$	酸性	水によく溶け、速効性、流亡しやすい。吸湿性が高い

※この他、卵の殻も炭酸カルシウムだが、石灰岩由来のものに比べて多孔質(小さな穴がたくさん開いている)なので吸収されやすいといわれる

苦土（マグネシウム）の働きと効かせ方

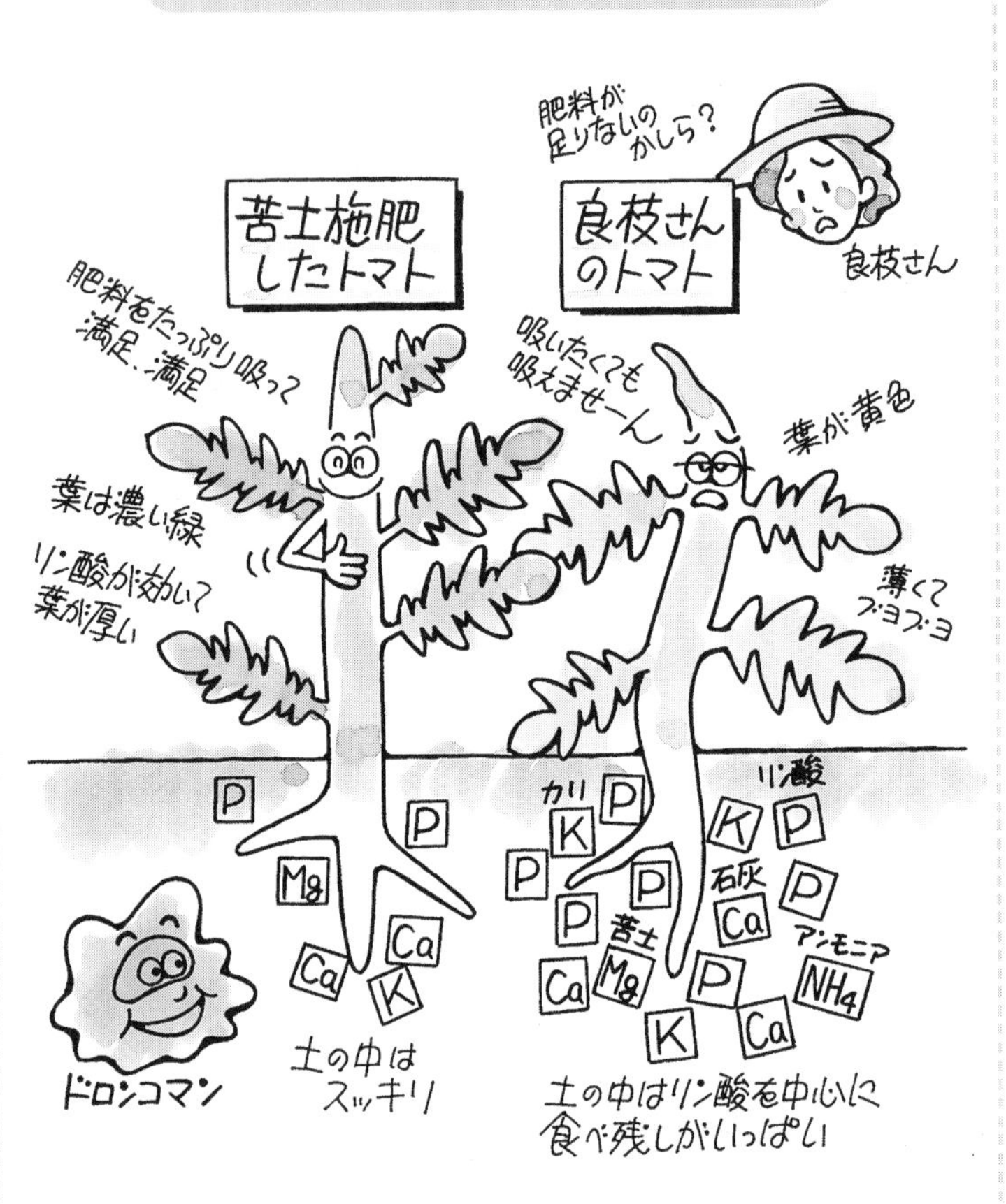

うちのお父さんはリン酸好き

良枝さん　なんだか、うちのトマト、調子が悪いわ。病気がちで収量も上がらない。うーん。肥切れかしら。

ドロンコマン　それは肥切れじゃないよ。

良　きゃあ、あなた、だあれ？

ド　やあ、僕はドロンコマン。土のことならなんでも聞いて。良枝さんのうちのトマトは、肥料を吸えていないから、肥料がいっぱい土に残ってしまってるんだ。いわゆる養分過剰畑だね。

良　あぁ、そういえば、うちのお父さん、農協でやってもらった土壌分

苦土はリン酸貯金をおろすキャッシュカード

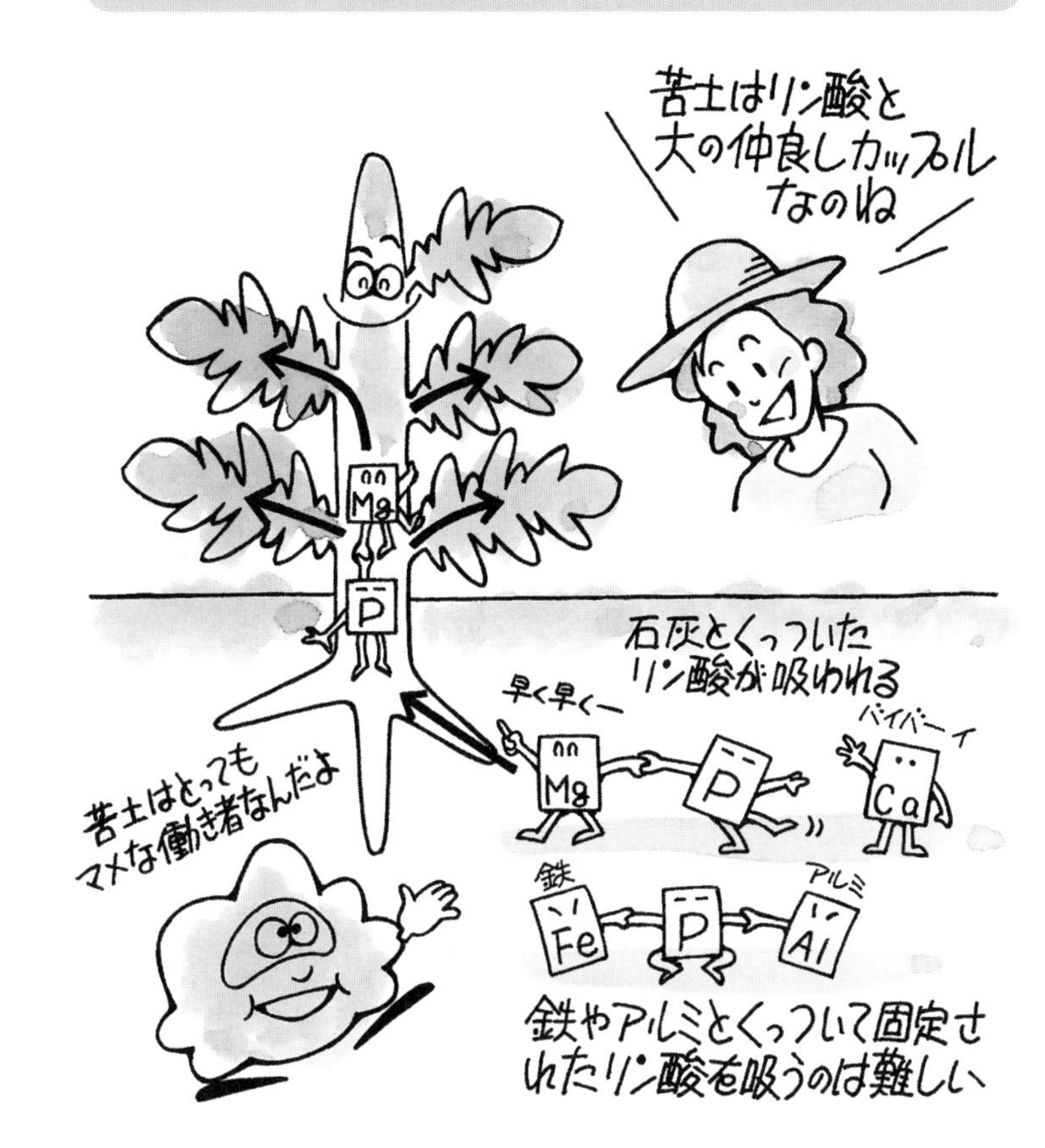

析結果を見て「土にはリン酸も石灰もカリもたっぷりあるんだとさ」ってぼやいてたわ。

それで石灰はやめて、カリも控えたの。だけどリン酸は入れてるわよ。何でも、「作物はとにかくリン酸優先に効かせると節間がびしっと詰まって、締まったいい生育をするんだ。でもリン酸は土の中で他のものとくっついちゃうから、入れ続けるしかないんだ」って。

ド リン酸はどのくらいたまってたの?

良 たしか300(mg/100g)とかじゃなかったかしら。

ド ふつう野菜だと20～60mg/100gくらいが基準だから、お父さんは、よほどのリン酸好きだ。

良 それでいてトマトはよくないのよ。どうしたらいいのかなぁ。

苦土ってどんな肥料なの？

苦土はリン酸とカップル

ド　リン酸のたまっている畑には苦土（マグネシウム）をやるといいよ。

良　えっ、苦土なら毎年、作付け前に苦土石灰をちゃんとふってるわよ。いい加減なこと言わないで。

ド　苦土石灰ぐらいじゃ間に合わないんだよねー。あのね、苦土はリン酸と大の仲良しなんだ。苦土がしっかり吸われるとリン酸もいっしょに吸われるし、植物体内を移動するときも、苦土とリン酸は同じように動くんだ。リン酸っていうのは、与えたうちの10％しか吸われないというくらいの、じっとして動きにくい頑固な性格だけど、苦土はそういうリン酸の手を取って動きだすのを手助けしてくれるマメな性格なんだ。

良　あら、うちといっしょだわ！　うちのお父さん慎重派で、なかなか動き出さないんだけど、私があちこ

苦土欠はなぜ起きる？

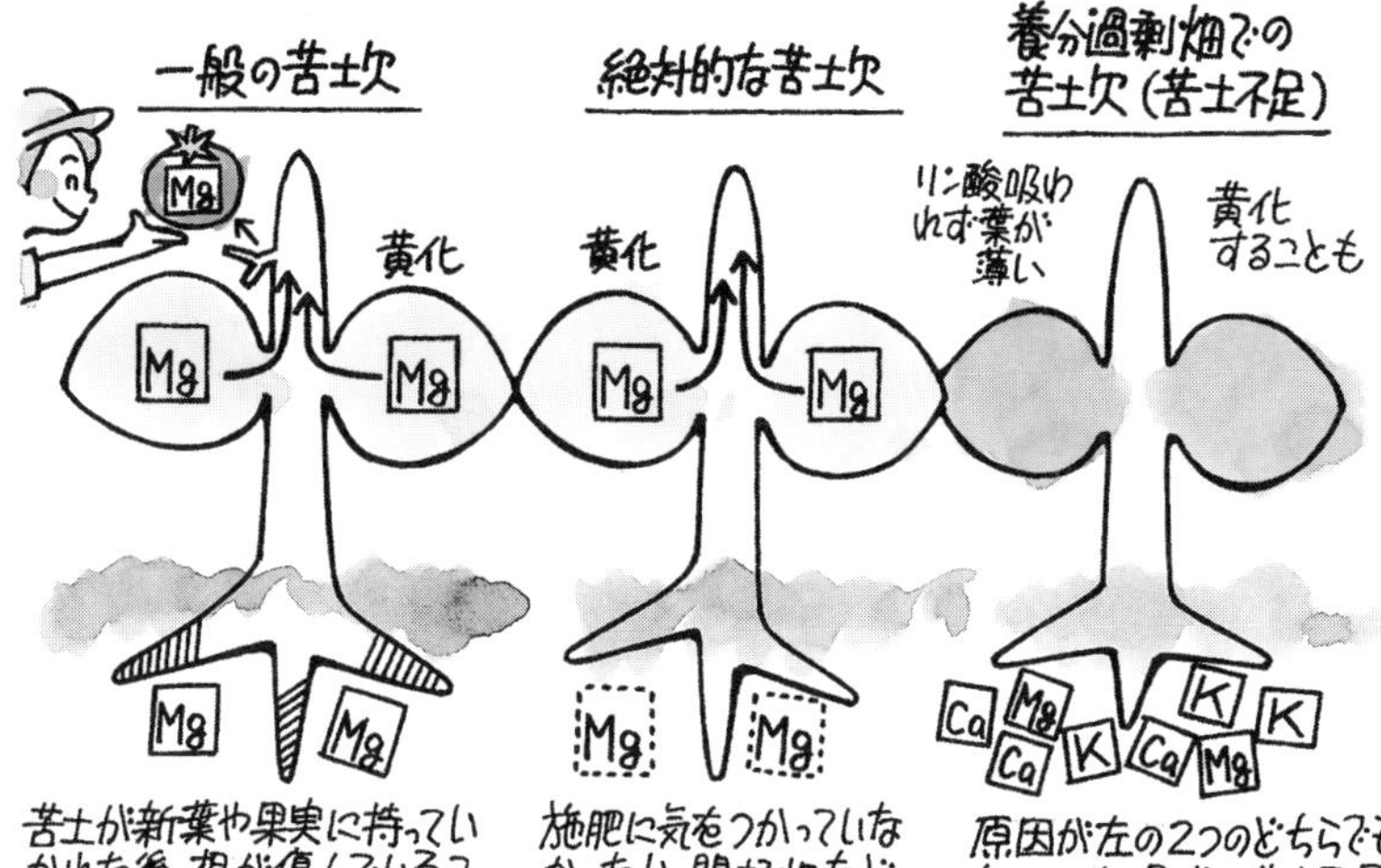

ち出歩いて話を聞いてきて、お父さんにハッパをかけるのよ。私ってほんと、働き者。

ド ……あ、ハイ。というわけで、苦土は働き者なのに、畑に苦土が不足しているから、リン酸が効かないんだ。

良 あら、だとすれば、うちの畑にたまってるリン酸も苦土をやれば、効きだすってこと？

ド そのとおり。今までためていたリン酸貯金は苦土でおろせる。苦土はリン酸貯金をおろすキャッシュカードだってことだね！

良 いい話を聞いたわ。それで、苦土って何をやったらいいの？

ド ちょっと待って。どうやら良枝さんは、せっかちな性格のようだね。その前に、働き者の苦土について、もう少し勉強してみましょう。

苦土は葉緑素のもと、動きやすく流れやすい

ド　苦土は葉緑素のもとなんだよ。だから苦土がちゃんと効いている葉っぱは緑色がしっかり濃いんだ。それから、苦土はいろんな酵素反応を活性化させる働きもしているんだ。しかも植物の体の中では移動しやすくて、吸われるときはどんどん吸われるし、土の中では流亡しやすいから、不足するのも早いらしいよ。

良　そういえば、苦土欠って言葉だけはよく聞くわ。あなたが言ってる苦土が足りないって話とはどういう関係にあるのかしら？

ド　いい質問だね。苦土は、作物の生長が激しい部分、つまり展開中の新葉とか、肥大中の果実とかにとても必要なものなんだ。でも、動きやすい性格なもんだから、もとの葉っぱからすぐに持っていかれちゃう。本来なら、持っていかれた分の苦土が、すぐに根っこから上がってくるはずなんだけど、何かの理由でそれが止まってしまったときに出る症状が苦土欠なんだ。で、一般に苦土欠といわれるのは、乾燥とか過湿とかで根が傷んで苦土が吸われなくなったときに出るんだ。根が元気なら、苦土欠は基本的には出ないと思うんだよねー。

　だけど、今回の苦土が足りないという話は、そういう単純なことじゃなくて、苦土欠症状が見えない場合もあるんだ。

　苦土といえば苦土石灰のイメージしかなくて、土壌改良剤かせいぜい微量要素肥料ぐらいにしか思っていない農家が多いんだけど、苦土はれっきとした多量要素肥料、元肥に追肥にしっかり効かせたい成分なんだよ。

苦土肥料のいろいろ

ド　苦土肥料ってどんなものがあるか知ってる？　苦土肥料といったときに、大きくは「水溶性苦土」と「ク溶性苦土」に分けられるんだ。一般によく使われる水溶性苦土は硫酸苦土。苦土肥料ではただひとつ、水溶性の速効性肥料だよ。それから、ク溶性苦土は水酸化苦土。水酸化苦土は、水マグっていわれるから水溶性で速く効くと思ってる人が多いみたいだけど、じつはク溶性でゆっくり効くんだよ。

良　そういえば硫マグ、水マグって、聞いたことあったわ。

ド　ところで苦土肥料って、蛇紋岩とかの岩石を硫酸で溶かしたり（硫マグ）、海水やニガリを加工（水マグ）してつくってるんだよ。だから苦土も立派なミネラルなんだよ。それから、最近は有機ブームだから、苦土肥料の中にも有機質タイプのものがいくつか出てきているよ。

良　ふーん。さすがドロンコマン、何でも知ってるのね。

		種類	商品名	製法・特徴・使い方など
化成	水溶性	硫酸苦土	いろいろ（メーカーは5～6社）	①製塩業の副産物であるニガリを冷却、結晶させる　②蛇紋岩粉末に硫酸を加える　③硫酸と酸化マグネシウムを反応させる方法、などがあるが、現在は③が主流。水溶性苦土11%が公定規格だが、市販品は16～32%と高い。速効性なので、元肥の他、追肥にも使える
	ク溶性	水酸化苦土	いろいろ（メーカーは5～6社）	①ニガリに石灰乳を加え沈殿させる　②海水に直接石灰乳を加える方法などがある。ク溶性苦土50%以上が公定規格だが、粗製水酸化苦土肥料として市販されているもの（20～45%）もある。ク溶性なので元肥として施すのがふつう
有機	水溶性	天然硫酸苦土	キーゼライト（住商アグリビジネス）	天然の硫酸苦土鉱石を精製したもの（輸入品）。水溶性苦土27%。pH6.7以上の畑向き。結晶タイプ
	ク溶性	天然水酸化苦土	古代天然苦土（ジャパンバイオファーム）	天然の水酸化苦土鉱石（水滑石）を粉砕したもの（中国産）。ク溶性苦土50%。pH6.7以上の畑向き。水溶性苦土と、ク溶性苦土を混合した「ブルーマグ」もある
			陸王（川合肥料）	中国大陸の天然苦土肥料。ク溶性肥料60%。粒状タイプ
			エコマグ（ナイカイ商事）	天然の水酸化苦土鉱石（水滑石）を粉砕したもの（中国産）。大きめの粒状タイプ

お問い合わせは、ジャパンバイオファーム　TEL：0265-76-0377
ナイカイ商事　TEL：03-5785-1250、川合肥料　TEL：0538-35-6450
住商アグリビジネス　TEL：03-5839-2407

ミネラルバランスの崩れが問題

ド　でね、苦土が足りないといっても、本当に土の中に苦土がないわけじゃないんだよねー。

もちろん本当に足りないところもある。あまり施肥や土壌改良に気をつかってこなかった畑や、開拓畑でまだ肥料が何も入っていないようなところだと、苦土が絶対的に足りていない。こういう畑もまだある。

だけど今回問題にしているのは、石灰と苦土とカリの比率からみて、苦土が相対的に不足しているということ。どうやら全国的にこういう畑が多いみたいなんだ。

養分同士でケンカ

良　石灰と苦土とカリの比率からみるとってどういうこと？

ド　うん。石灰と苦土とカリの比率っ

苦土があっても苦土不足

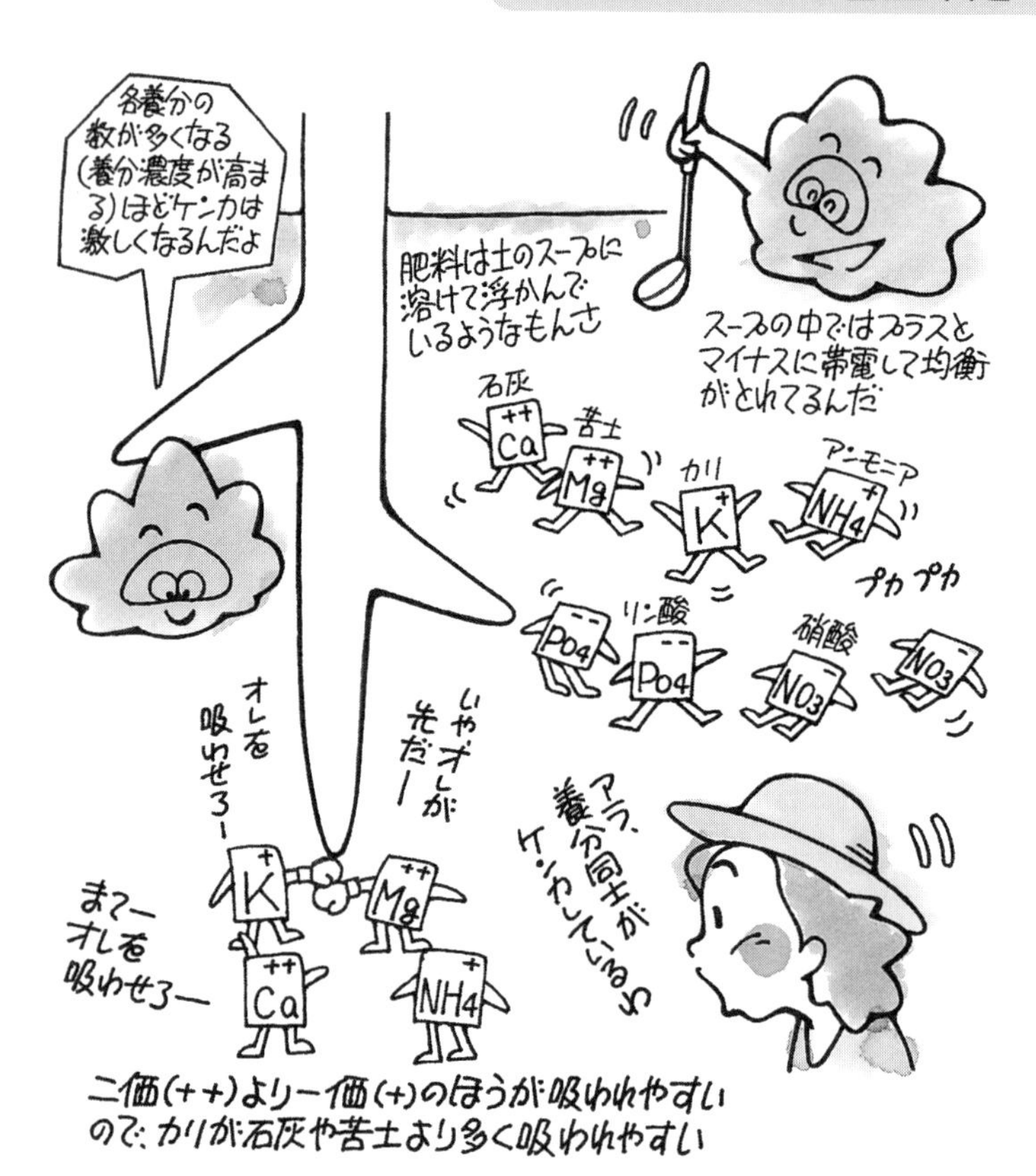

ていうのは、ミネラルバランスといって、ものすごく大切なんだ。くわしくは上の絵を見てほしいんだけど、肥料は土の中でプラスとマイナスの電気を持っているせいで、土にはあるのに吸われないということが起こるんだ。しかも、石灰、苦土、カリの養分同士のケンカさ。養分濃度が高まるほど、ケンカは激しくなる。

良　あらら。

ケンカの起きにくいバランス

ド　ところが、世の中よくしたもので、養分同士のケンカが起きにくい割合というものがあるんだ。基本は、石灰：苦土：カリが5：2：1。で、最初のところに戻るけど、このミネラルバランスからみたときに、いまの畑は全国的に苦土が足りないというわけなんだ。

良　へー、ミネラルバランスって言

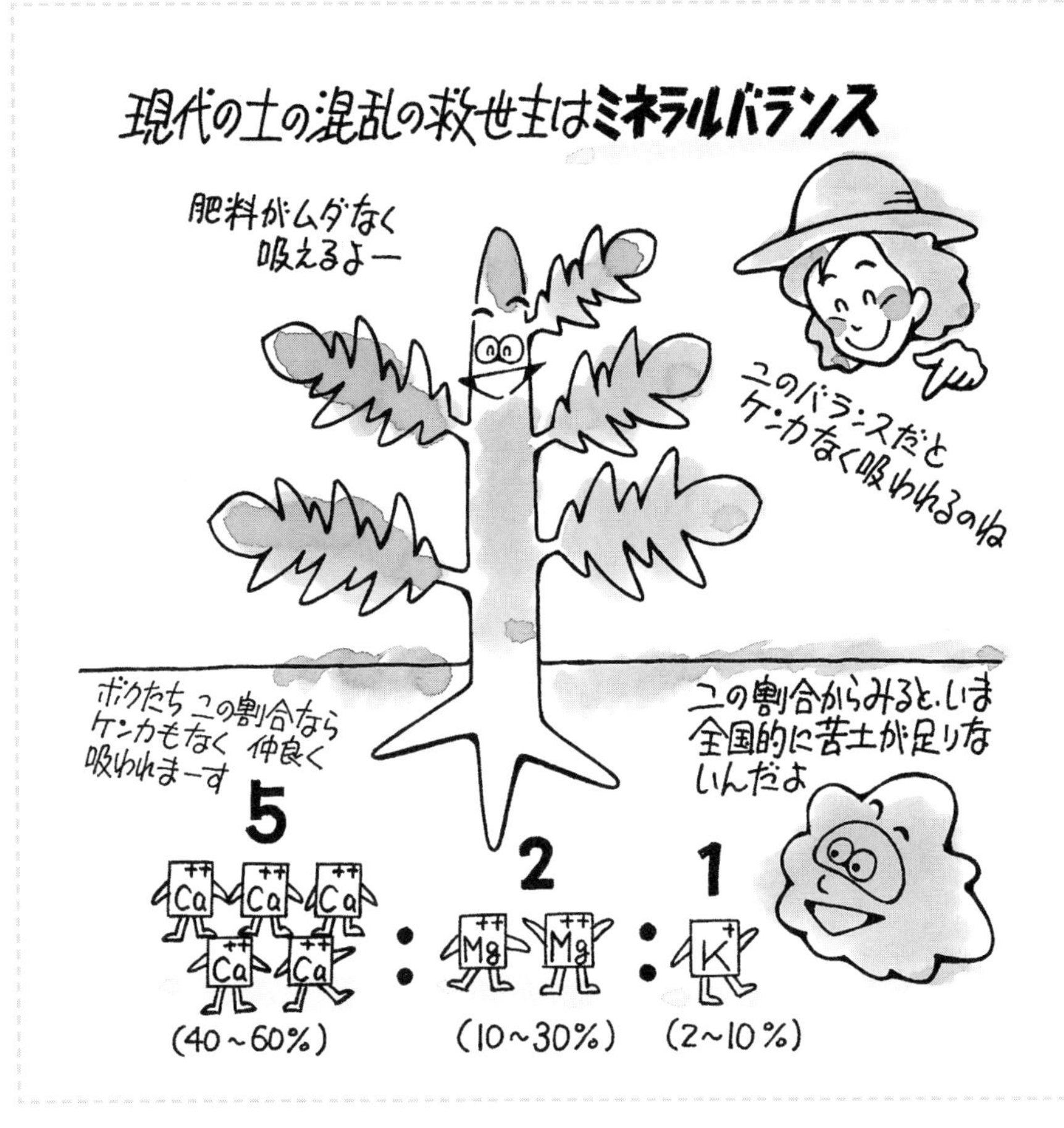

葉は最近よく聞くけど、こんなに深い話だったのね。——ということは、うちのトマトは肥料のやりすぎでミネラルバランスが崩れて、養分同士がケンカしたせいで苦土不足が起こった。それでリン酸が吸われず、調子が悪くなっていたのね。

ド そうだね。さすが良枝さん、のみ込みが早いね。

苦土は追肥で、畑のpHで選ぼう

良 よくわかったわ。で、苦土は苦土石灰でいいの？

ド いいんだけど、すでに土に石灰が十分にあったら、苦土石灰をやるとpHが上がりすぎるから、いっそう苦土が効かなくなってしまうよ。しかも苦土石灰は追肥に使えない。これからは苦土肥料を追肥にどんどん使うべきなんだ。

それから、苦土をやるなら、自分

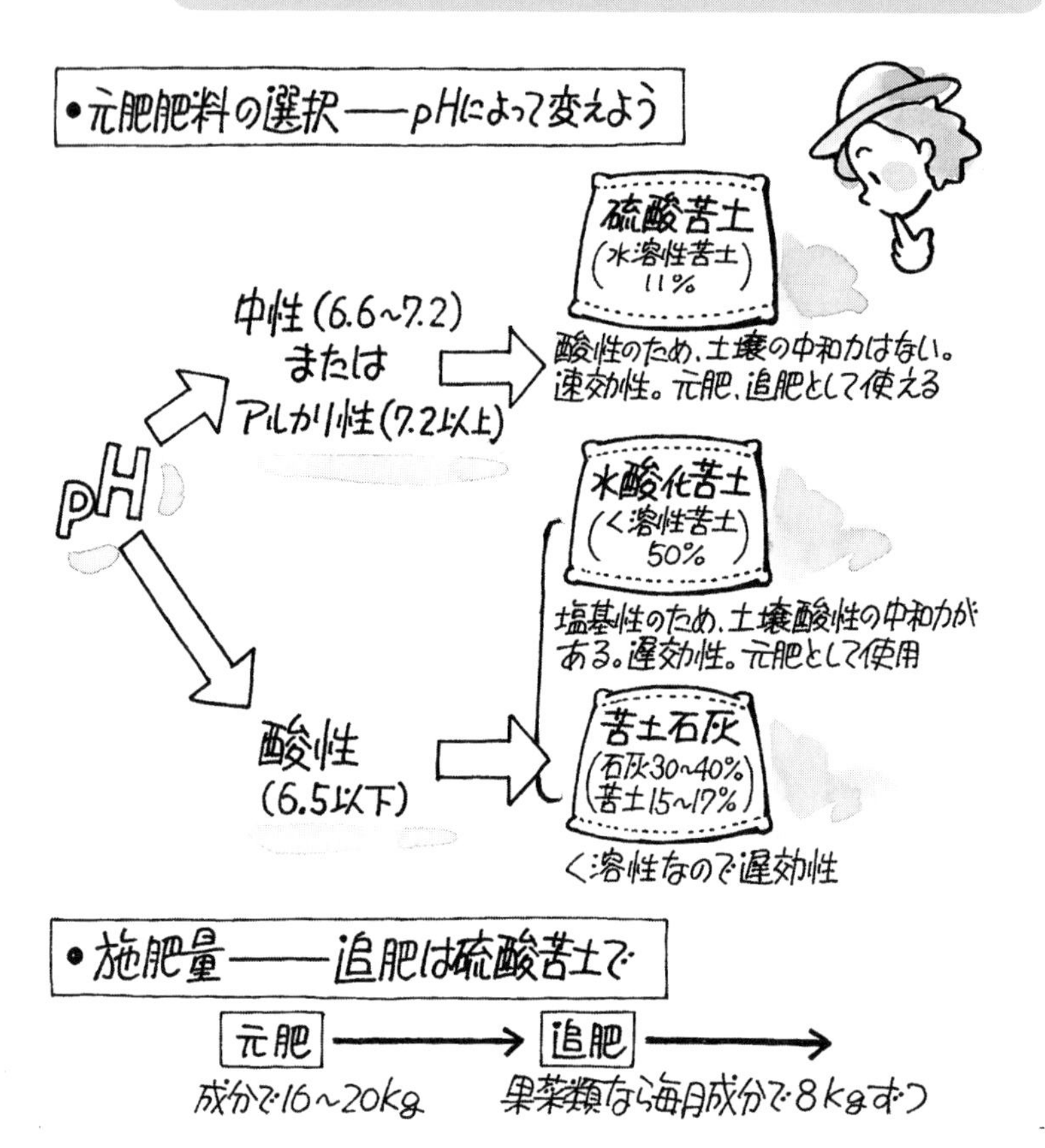

の畑のpHを知っておくことがとても重要なんだ。もし畑が中性もしくはアルカリ性だったら硫酸苦土。酸性だったら苦土石灰または水酸化苦土がいい。

良　うちは、確かpHが7くらいだから、硫酸苦土を使えばいいのね。量はどれくらいやったらいいの？

ド　目安としては、苦土を積極的に入れてきていない畑では、砂地では元肥として成分で12kg。それ以外の土地では16～20kg。さらに果菜類なら、毎月8kgずつ追肥としても与えるといいよ。

自分の畑のタイプを知ろう

良　どんな畑でも苦土は必要なの？

ド　いい質問だね。この苦土の積極施肥は、良枝さんのうちみたいに「リン酸過剰型」の畑にオススメ。いっぽう「リン酸不足」の畑は、リン酸そのものをふらないとリン酸は

効かせられない。それどころか、リン酸不足の畑に苦土だけをやりすぎたら過剰害が出て、根が伸びなくなってしまうこともある。ただし、今の畑は良枝さんのうちみたいなタイプが多いと思うから、これはかなり多くの農家にオススメのやり方なんだ。

良　自分の畑がどっちのタイプの畑なのかなんて、なかなかわからないわよ。

ド　土壌診断してもらえば一番いいけど、簡単に自分でそれを知る方法があるよ。ひとつは土を氷水の中に入れてリン酸の結晶が見えるかどうかを調べる方法。あとは、自分で簡単に土を分析できる器具、たとえば、「ドクターソイル」とか「みどりくん」を買うのもひとつだね。

良　今日はいい話を聞いたわ。さっそく、お父さんに話して硫酸苦土を

苦土は起爆剤、その後が大事

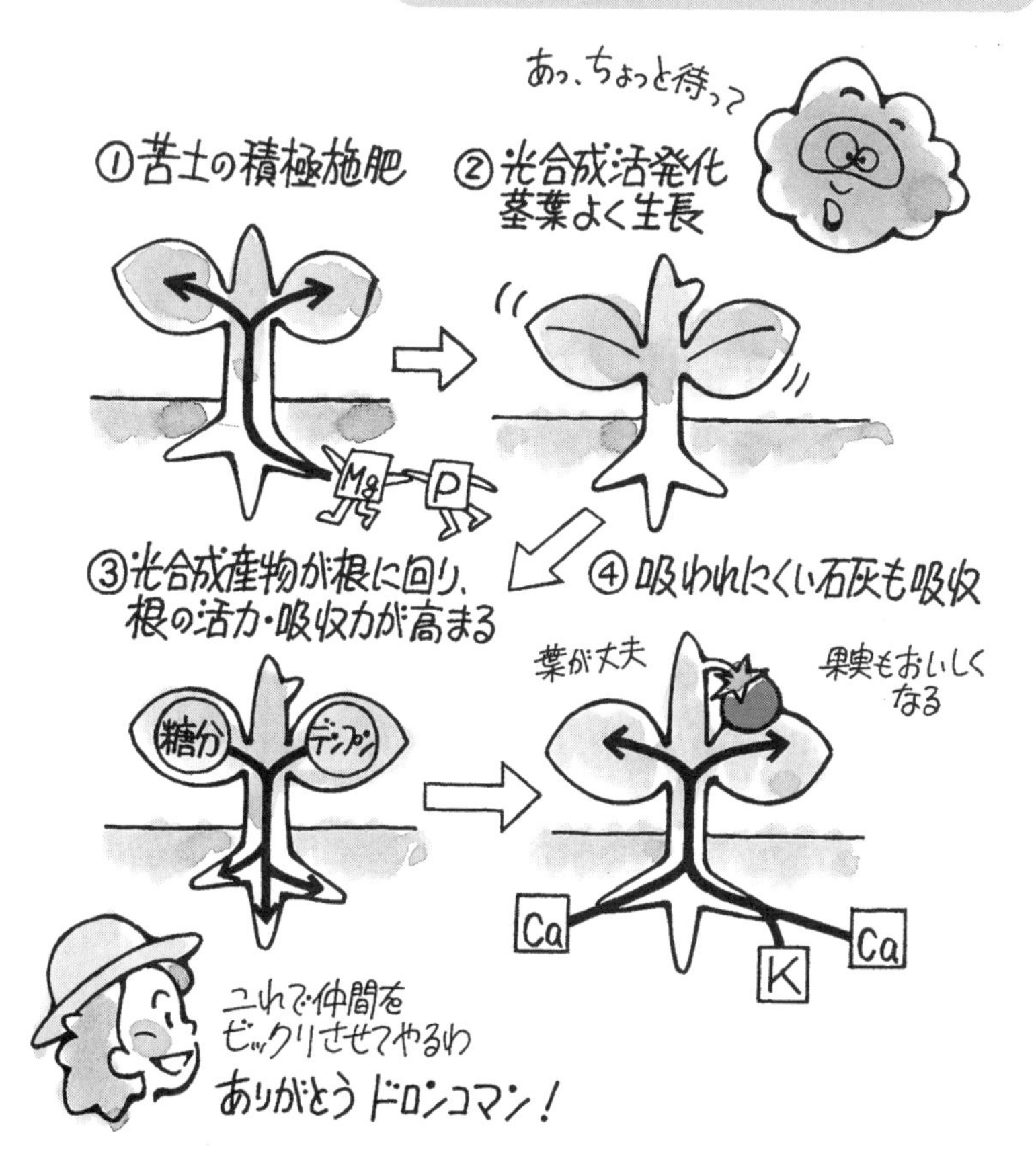

買うことにしなくちゃ。じゃあね。

ド　あ、ちょっと待って。もうひとつ言っとかなきゃ。あとで失敗しちゃうかも……。苦土を入れるのはいいんだけど、苦土はあくまでも起爆剤の役割なんだ。苦土を入れると、確かに土の中でたまって動かなかった養分が動きだす。苦土といっしょにリン酸が吸われて、光合成が進んで、茎葉がよく生長する。葉っぱで蓄えられた光合成産物が根によく回って、根がよく伸びて根酸もよく出る。すると、それまで吸われにくかった石灰も吸われるようになって……。と、まあ、養分が動きだして吸われる分、苦土だけでなく、石灰やカリもちゃんと補わないといけなくなってくる。そこを忘れちゃだめだよ。

良　なるほど、よくわかったわ。ありがとう、ドロンコマン。これできっと仲間をビックリさせてやるわ。

第3章

名人の
単肥使いこなし術

常識を疑えば 単肥はもっと使える

青木恒男

粉状の過リン酸石灰

私が単肥にこだわるわけ

農業の常識を疑い、あらゆるムダを徹底的になくして、楽して儲かる農業を実践している青木恒男さん。ここでは、肥料のムダをなくし、作物を健全に育てるための単肥の使いこなし術を解説してもらう。

肥料高騰、施肥体系も見直しどき

燃料や肥料などの高騰で経費が増えることも多くなりました。私の仲間の間でも最近、肥料の使い方をもう一度見直してみよう、という動きがみられ、地元で調達可能な有機肥料主体の栽培を試みる人、高価な総合肥料をやめて単肥主体の栽培に切り替えようという人などが、自分の経営に合った施肥体系を求めて試行錯誤を始めたようです。そんな事情も加味して、肥料と施肥方法について疑ってみていきたいと思います。

筆者（赤松富仁撮影）

「必要なときに必要なだけ」の追肥は複合肥料では無理

私はすべての作物を元肥なし、「必要なとき」に「必要なもの」を「必要な量だけ」単肥で追肥する体系をとっています。作物によって生育期間は大きく違いますから、元肥として施した肥料要素がその作ですべて利用されて過不足が発生しないということは考えられないからです。

たとえば葉物野菜なら播種後1カ月で収穫が済んでしまうこともありますし、果菜類ならば半年以上肥料を効かせなくてはなりません。また、チッソ、リン酸、カリなど肥料の各要素は栽培する作物ごとに吸収量のバランスが大きく違いますし、生育ステージによっても必要とする成分の重要度が変わったりもしますから、オール10など複数の成分を含んだ総合化成だけを使って生育をコントロールすることも不可能です。

表1　有機質資材の肥料成分

有機肥料の種類	チッソ（%）	リン酸（%）	カリ（%）
乾燥鶏糞	4.0 ～ 6.0	6.0 ～ 8.0	3.0 ～ 4.0
ナタネ油粕	5.0 ～ 6.0	2.0 ～ 3.0	1.0 ～ 1.5
鶏糞オガクズ堆肥	1.0 ～ 2.0	3.0 ～ 4.0	1.0 ～ 2.0
牛糞オガクズ堆肥	0.5 ～ 1.0	0.5 ～ 2.0	0.5 ～ 1.0
腐葉土	0.3 ～ 1.0	0.1 ～ 1.0	0.2 ～ 1.5

作物が食い残した残肥は流亡してしまったり、ときには後作物の生育中に効き出して悪さをしたり。一作に必要な肥料の収支計算が合わなくなることも多いものです。

私も就農直後の数年間は今の手抜き農法とは違い、土壌改良と安価な元肥を兼ねる意味で、牛糞堆肥や石灰などを何tも入れてはすき込んでいた時代がありました。しかし、これを何年も繰り返すと「過ぎたるは及ばざるが如し」、さまざまな弊害が現れてきます。

そこでまずは、この有機物と化学肥料の関係について考えてみたいと思います。

単肥は安い、扱いやすい

表1は私の地元で調達できる安価な有機質資材の成分を分析したものです。これらタダ同然の資材を使ってストックを栽培したとしてみましょう。ストック一作に必要なチッソ量を30kgとして計算してみると、鶏糞を使った場合には30kg÷5%＝６００kgの施用量になります。が、分析値を見ればわかるように鶏糞は5－5－5低度化成と成分量も作用もほぼ同じものなのです。これを全量元肥として入れれば間違いなくストックには害が出ます。

牛糞堆肥を使った場合なら30kg÷約0・7%＝4・3tが必要です。この量をハウス内に散布してすき込むには丸3日かかるでしょうから、24時間×１５００円（時給）＝3万６０００円の施肥コスト（人件費）が必要になり、結構高価な肥料になります。

これらを尿素で代用すれば20kg入り

表2　ECとpHから推定される土壌状態

EC	pH	土壌の状態	対策	備考
低	低	やせた酸性土壌（イネには問題なし）	酸性度の改良後、元肥を入れる	**○若い圃場** 化学性、物理性をそれぞれ改善する
	中	畑作も可能な安定した水田土壌	多肥により高品質・多収が可能	
	高	石灰のみを多投したやせ地	施肥要素のバランスを重視する	
中	低	ほぼ健康な土壌。 硝酸態チッソ残存？	炭酸石灰で作土層のpHを上げる	**○健康な圃場** 必要な要素のみを投入し、現状を維持
	中	ほとんどの作物にベストな状態	このままの管理を続ける	
	高	畜糞等の堆肥投入過剰？	単肥化成肥料のみを計画投入する	
高	低	酸性肥料投入過多？ 塩基不足	高炭素率有機質で硝酸を吸着	**○肥満状態の圃場** 土壌のダイエットにより若返りをはかる
	中	塩分濃度障害の危険大	トウモロコシ栽培、残渣すき込み	
	高	不安定な土壌。 塩類障害の危険大	除塩。客土。腐植質の多投	

安全　　要改善　　危険

※表中の色分けは、圃場の要改善度・危険度を示す

水田にハウスを建ててから十数年、変化を続けた土壌の履歴をまとめたもの。表の上のほうに当たるのは転換直後のやせた土壌。下に向かうほど手の加わった肥沃な土壌だが、度を越した肥料の投入は弊害を生むので有機物などで改良が必要

袋が約3個でいけますから、散布費込みでも施肥コストは牛糞堆肥よりはるかに安く、肥効も比較的緩やかで安全です。

もちろん最近は堆肥を肥料成分と考えて、栽培作物と自分の土壌状態を熟知したうえで上手に使いこなしている方もいますし、表面施用などラクな散布方法を考えている方もいます。決して堆肥が悪いと言っているのではありませんが、その成分や使い方をしっかりと理解する必要があると思います。

炭素率で見分ける有機物

私は過去十数年の農業経営で有機物と化学肥料という2つの形態をそれぞれ使用してみたのですが、結局「双方をうまく取り混ぜて使う」というところに落ち着きました。表2は私の土壌の履歴から読みとれる土の見方をまとめたものです。

表3は代表的な有機質資材を炭素率

という観点から分析したものです。有機物はC/N比15~20くらいを境にして、それよりも低い場合は化学肥料とまったく同じ作用をし、高い場合は土壌改良剤としての特性を発揮するというように性格が変わります。低コストで安定的な施肥管理をするには、この有機物の性格と単肥の特性をよく知っておく必要があるのです。

表3　代表的な有機質資材の炭素率

有機物の種類	炭素量（%）	チッソ量（%）	C/N比
麦ワラ・モミガラ	40 ~ 45	0.5 ~ 0.7	60 ~ 80
イナワラ	40 ~ 45	0.7 ~ 0.9	50 ~ 60
トウモロコシ残渣	40 ~ 45	2.0 ~ 3.0	15 ~ 20
牛糞堆肥	35 ~ 40	1.5 ~ 2.0	15 ~ 20
ナタネ油粕	40 ~ 45	5.5 ~ 6.0	7 ~ 8
鶏糞	30 ~ 35	5.0 ~ 5.5	6 ~ 7

現在私は「施肥」と「土づくり」はそれぞれ別のものと考え、混同しないように心掛けています。これらは土壌の「化学性」と「物理性」と考えると理解しやすいのですが、化学性とは施肥や流亡、土壌微生物の分解による化学変化や作物の生育による土壌中の肥料成分量の増減など、計測器や土壌分析によって数値で表せる土の状態をいいます。物理性とは腐植や粘土鉱物の多少による団粒構造のできやすさや保肥性の違い。耕耘のしかたによる排水性、保水性や管理作業性の違いなど、多分に感覚的な土の状態をいいます。

作物に必要な食べものは単肥で化学的に、作物の居心地のよさは有機物で物理的に管理すればよいと考えています。

チッソ肥料

まず表4を見てください。ごく一般的で手に入りやすいチッソ単肥の特性をまとめたものです。チッソ肥料は製造工程や要求される特性の違いなどからいくつかのグループに分けることができます。

第1グループ　単純な化学合成肥料

硫安・硝安・塩安など

▼水に溶けると2つのイオンに

まず第1グループ。硫安や硝安、塩安など昔からなじみ深い速効性のチッソ肥料です。これらは塩酸、硫酸、硝

表4　私が見るチッソ肥料（単肥）の特性

肥料名	チッソ成分量	水溶性	肥効	特性など
<第1グループ>				
硝酸アンモニア（硝安）	33%	非常に高い	速効性	・強酸とアンモニアとの化学反応でつくられた肥料（塩） ・水に溶けやすく速効性
塩化アンモニア（塩安）	25%	高い	速効性	
硫酸アンモニア（硫安）	21%	高い	速効性	
<第2グループ>				
尿素	46%	高い	中	・化学合成によりつくられた有機物 ・尿素以外は水溶性でなく、多くは生物による分解で肥料化する
ＩＢチッソ	32%	非常に低い	緩効性	
オキサミド	32%	非常に低い	緩効性	
<第3グループ>				
硝酸カルシウム	10%	高い	速効性	・肥料要素同士を反応させた化合物 ・単肥の混合により製造された定義上の複合肥料とは作用性が違う
石灰チッソ	21%	—	中	
リン酸アンモニア（燐安）	12%	高い	速効性	

酸などの強酸と弱アルカリ性のアンモニアとを化学反応（中和）させてつくった簡単な塩です。どの肥料も乾燥状態では安定的な物質ですが、水に溶けると酸イオンとアンモニアイオンに分かれ（加水分解）、それぞれのイオンは別々な振る舞いをし始めます。

▼硫安は畑だと副生物が石灰と反応　土をガチガチにする恐れあり

たとえば硫安の場合、水に溶けることでアンモニアと硫酸イオンはバラバラの状態になります。このうちアンモニアは植物に利用されたり土壌に吸着されたりして安定状態になりますが、もう一方の硫酸イオン（硫酸根）は不安定な状態のまま漂っているがために土壌を酸性化します。バッテリーの電解液を畑にまいたのと同じ状態ですね。

　硫酸根が安定するには土壌中であらたなアルカリ性の物質と結びついて中和する必要がありますが、畑やハウス土壌の場合には石灰がその最大の相手になります。土の中で日常的に起きているこの反応を化学式で書けば「硫酸＋水酸化カルシウム＝水＋硫酸カルシウム」。つまり硫安は、最終的に硫酸カルシウム（石膏）として土壌中に蓄積されてゆくわけで、これが「単肥や石灰を多投すると土壌が酸性化し、カチカチに固まって劣化する」といわれる所以です。

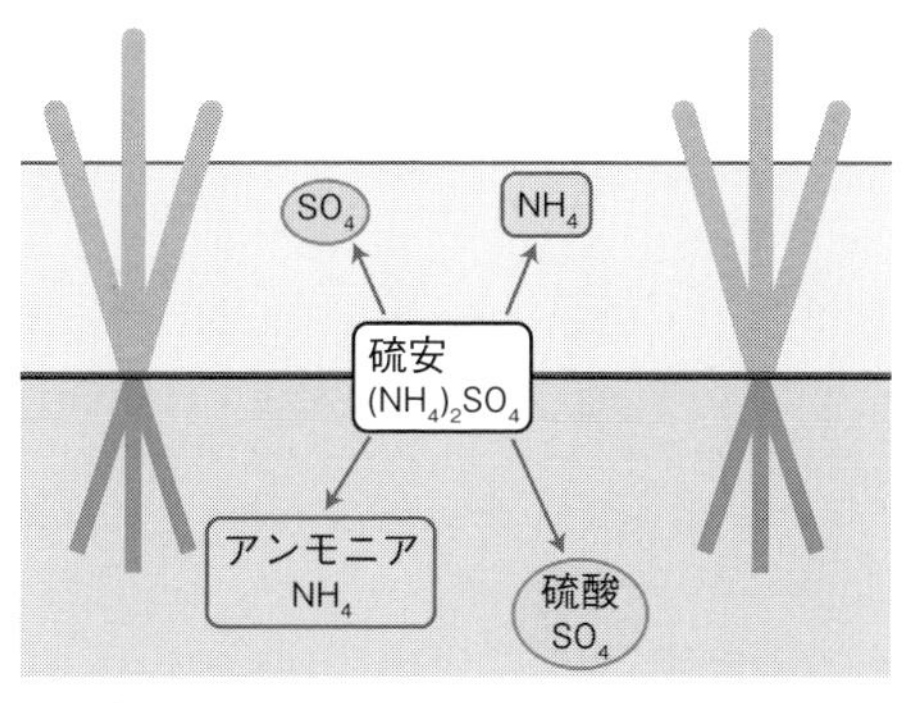

土壌水分に溶けるとアンモニアイオンNH_4と硫酸イオンSO_4に分離。アンモニアイオンだけが植物に利用され、硫酸イオンは残り土壌を酸性化させる

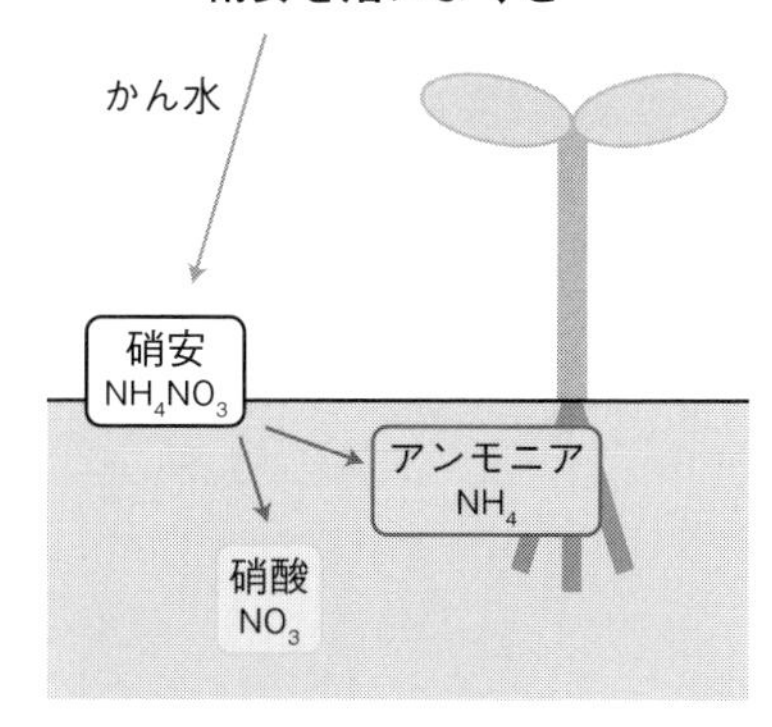

土壌水分に溶けると硝酸イオンNO_3とアンモニアイオンNH_4に分離し、それぞれが速効的に植物に利用される

▼硝安は極めて速効性 厳寒期の露地野菜向き

次に硝安（硝酸アンモニア）ですが左の写真を見てください。他のチッソ肥料に比べて非常に吸湿性が高い。容器から出して放置しておくと空中の湿気を集め、たった1日で自ら溶けてしまいます。水に溶けると、その場で効き始めるので、極めて速効性の肥料です。

また、硝安（NH_4NO_3）をつくっている物質は硝酸（NO_3）とアンモニア（NH_4）ですので両方とも作物に吸収されます。後々、副生物を残さないクリーンな肥料ともいえます。低温乾燥下で土壌微生物の活性も低い厳寒期、キャベツやブロッコリーなどアブラナ科の露地野菜には抜群の効果がありま

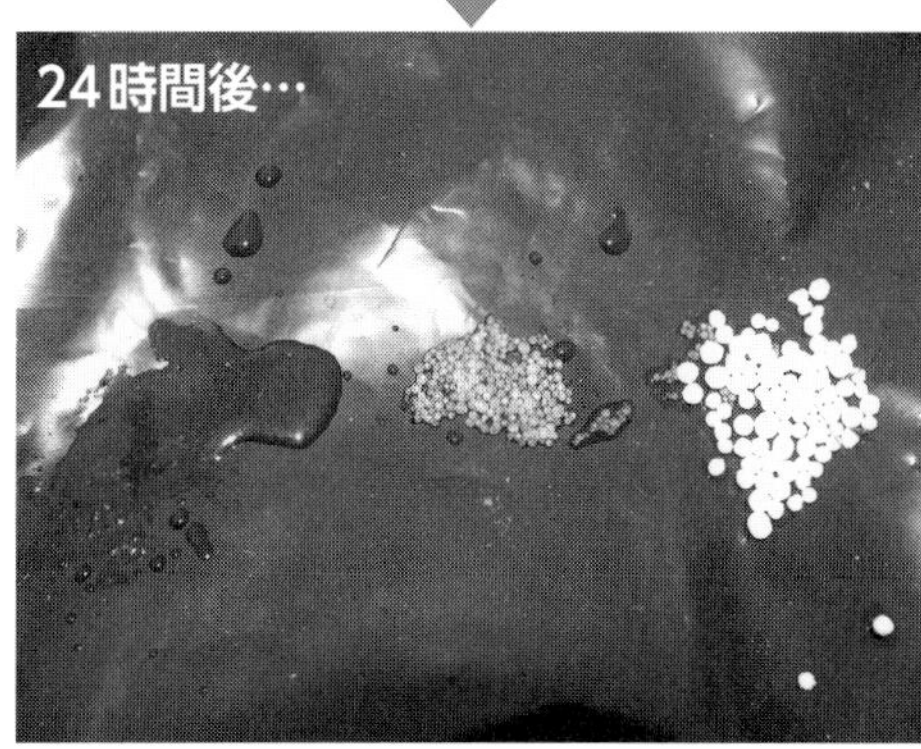

硝安（左）は非常に吸湿性の高い肥料で、容器から出すと空中の湿気を集めて自ら溶けてしまう

す。が、逆に高温多湿の夏は活性が高過ぎて塩害を起こしかねない肥料です。

第2グループ　化学合成の有機的肥料

尿素・IBチッソ・オキサミドなど

▼尿素は成分が高く使いやすいが、石灰との反応でアンモニアガスが発生

第2グループは尿素、IBチッソなど化学合成の有機的肥料です。

尿素はチッソ成分が46%と高いわりには穏やかに効く特性を持っており、水にも溶けやすいので追肥や液肥として使いやすい単肥です。チッソ肥料のなかではコストパフォーマンスがいちばんよい肥料ですが、土中で分解する過程で石灰と反応してアンモニアガスが発生し、根焼けや葉焼けを起こすことがあります。もちろんチッソ成分もすっ飛んでしまいます。

ですからカルシウムイオンが遊離しやすい消石灰や生石灰との近接散布は避けるようにします。ただ、炭酸カルシウム（カキ殻石灰、苦土石灰なども）なら激しい反応は起きません。

▼粒状IBチッソはもっとも緩効性　夏の果菜類の元肥に最適

また、IBチッソやオキサミドなど大きな分子構造を持ったチッソ肥料はほとんど水に溶けず、バクテリアなどの微生物のエサになって分解された後にはじめてチッソ成分として効き出す、という有機的な特性を持った緩効性肥料です。とくに粒状IBチッソの場合、夏でも肥効期間は100日前後あり、他の肥料と化学反応を起こすこともありませんので、長期間収穫する果菜類の元肥などに最適です。

第3グループ　他肥料との複合肥料

硝酸カルシウム・燐安など

▼副生物は残さない。水耕栽培にも

最後に第3グループ。硝酸カルシウムやリン酸アンモニア（燐安）など。これらはチッソ成分の相方がカルシウムやリン酸など他の肥料成分との化合物です。複数の肥料要素を含んでいるため一般的には複合肥料として扱われますが、水に溶けて分解した時点で肥料成分以外の硫酸根や塩酸根などの副生物を残しませんから、水耕栽培用の液肥として、あるいは畑の複合液肥として利用すると便利でしょう。

肥料の相性は手のひらで混ぜてみる

「さて肥料をまくか」と思ったとき、一度、手のひらにほんのひとつまみの速効性チッソ肥料と消石灰をとって指で混ぜてみてください。鼻をつくようなアンモニアガスが発生します。これは鶏糞や牛糞などチッソ成分の高い有機肥料でも同じです。しかし、相手が炭酸カルシウムだとこのような反応は起きません。また同じ消石灰でも、チッソ肥料を緩効性のIBチッソなどに変えればこれまた反応は起きません。

これらの実験は実際の土壌中で起きている肥料の化学変化のシミュレーションですが、たとえば土壌pH改善のために投入したい石灰資材とその後に施したいチッソ肥料の相性や施肥位置、つまり部分施肥がよいのか？　全層施肥でもよいか？　また作物栽培中にもウネのどの位置にどんな肥料を追肥すればよいのか？　などを考えるときの参考になります。

このような「肥料間の相性」を理解し配慮するだけで、肥料の使用量も流亡や気化に伴う肥料成分の損失も劇的に減らすことができ、安い単肥を効率よく使うことで施肥コストを大きく下げることもできます。

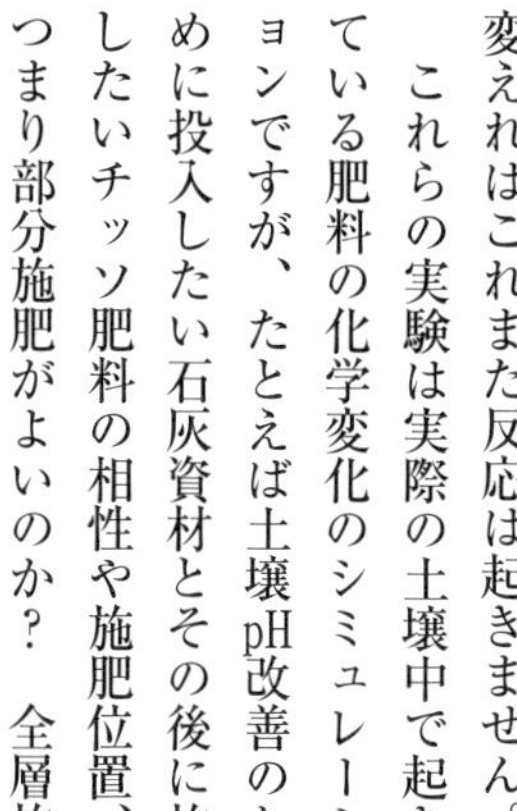

肥料の相性は手のひらで混ぜてみるとわかる。たとえば硫安と消石灰を混ぜると鼻をつくようなアンモニアガスが発生する

カリ肥料

肥料にはチッソ、リン酸、カリという「主要三要素」があるということは誰もがご存じでしょう。ではなぜ作物にこれらの施肥が必要なのか？　植物にとって何の役に立っているのか？　そんな基本を理解することが単肥をうまく利用することにもつながると思いますので、まずは肥料全般の説明を少しさせていただきます。

チッソは植物そのものの構成元素

植物体そのもの（有機物）を構成している主要元素には酸素、水素、炭素、チッソなどがあります。このうち酸素（O）、水素（H）、炭素（C）は、植物が水（H_2O）や二酸化炭素（CO_2）という形で自然界から調達し、光合成で糖やデンプンの形に変えることで利用しますが、チッソは大気中に多量に存在するにもかかわらず直接利用できません。チッソ分子（N_2）が化学的に非常に安定しており、他の元素との反応を滅多に起こさないからです。

自然界の植物は根粒菌やラン藻といった、ごく限られたバクテリアによる

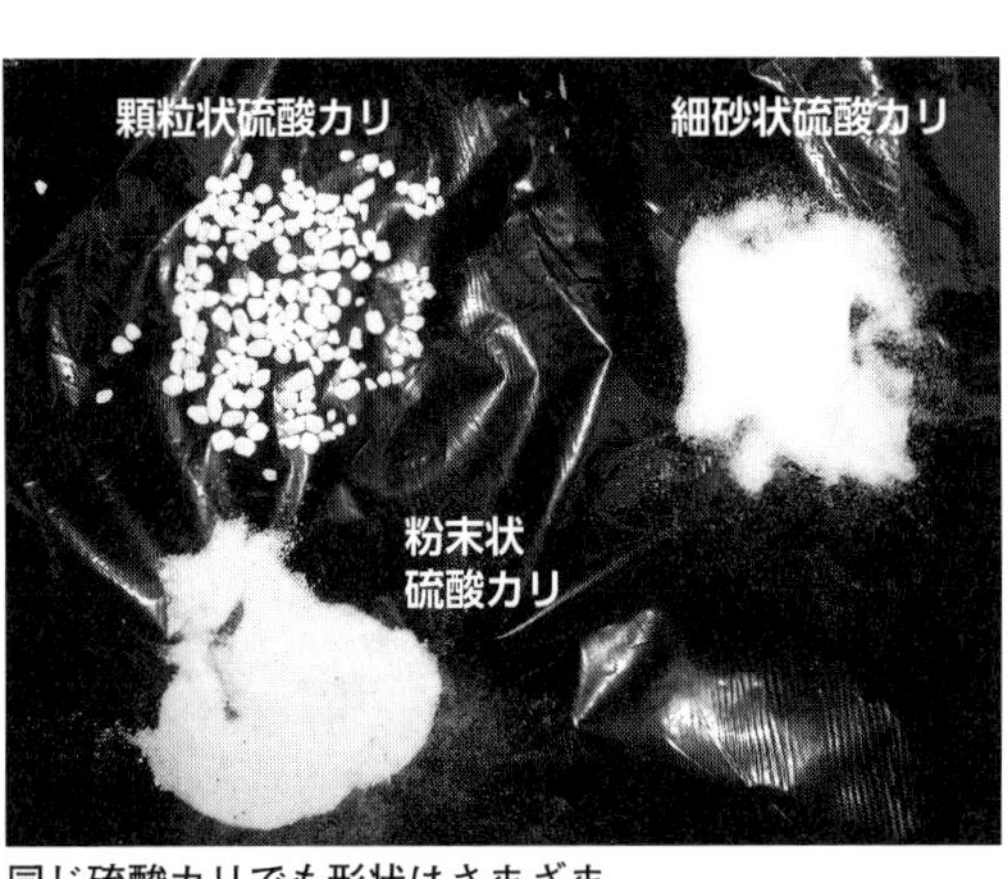

同じ硫酸カリでも形状はさまざま

空中チッソの固定と有機物のリサイクル（食物連鎖）だけに頼って、その場所で世代交代を繰り返しているわけです。が、栽培した作物を収穫物として売ってしまう農業においては、収穫物を持ち出したその場所に、収穫物に含まれていた分量と同量のチッソを補充してやらないと次の作物で辻褄が合わなくなってしまいます。これがチッソ施肥だと思います。

リン酸は作物や微生物の代謝やDNAに必要

リン酸は生物個体の代謝（有機物の分解、呼吸、光合成などの働き）やDNAの構造中で重要な役割を果たす元素であると同時に、土壌の単位面積当たりに存在できる生命の総量（バイオマス）をコントロールしている元素でもあります。つまり、リン酸は現在栽培中の作物だけではなく、土壌微生物や虫を育てるために畑や水田や森などの環境自体が要求する要素でもあると思います。リン酸は本来、速効性を求める肥料要素ではないということでしょう。

カリは反応をスムーズにする触媒

では、カリはどのような肥料なのでしょうか。チッソやリン酸は、タンパク質や葉緑素、核酸といった植物体そのものを構成するのに直接必要な元素ですが、カリは根から取り込まれてもそのまま植物体の一部になるわけではありません。カリは植物体内で行なわれるさまざまな反応の「触媒」として働く重要な元素なのです。

植物は葉で水と二酸化炭素からデンプンをつくったり、チッソを原料にしてタンパク質をつくったりという仕事をしていますが、カリがないとこれらの化学反応が正常には行なわれません。また植物は生殖生長期以降、葉で生産したデンプンを糖に分解してイモや果実に蓄える仕事をしますが、このときのエネルギー変換と運搬役もカリが担っています。

前置きが長くなりましたが、以上のことを理解したうえでカリ単肥についての本題に入ります。

表5　カリ単肥の特徴

肥料名	成分量	水溶性の程度	肥効	特性など
塩化カリ	60%	非常に高い	速効性	酸との化学反応でつくられた肥料塩。水に溶けやすく速効性
硫酸カリ	50%	高い	速効性	
重炭酸カリ	46%	高い	速効性	
硝酸カリ	45%	非常に高い	速効性	カリと硝酸の化合物。チッソ14%を含む
木灰（炭酸カリ）	5～10%	高い	速効性	カルシウム20%を含む。樹種により成分は不定
ケイ酸カリ	20%	不溶	やや緩効性	可溶性ケイ酸30%を含む

カリは追肥重点主義で

表5を見ればわかるように、カリ単肥にはチッソ単肥のような多彩なバリエーションはありません。

植物は、生長していく過程で取り込んだチッソを消化するために同量のカリを必要としますから、体が大きくなるほどにその要求量も増し、花や実を付ける作物は生長後のカリの要求量がさらに多くなります。植物は総体的に、初期はチッソ優先、後半はカリ優先という生育となり、カリの元肥施用にはムダが多いのです。カリは速効性の単肥で「必要なときに必要なだけ」追肥重点主義で施肥すべきです。

カリ肥料の見方、使い方

▼塩化カリはイモや葉物の食感を悪くする

現在生産されているカリ肥料の大半は塩化カリです。これはNK化成をはじめとした複合肥料や、○○用高度化成など高級肥料の原料として使われています。

ただし、単肥としての利用には注意が必要です。塩化カリは成分が高く水に溶けやすいので使いやすい反面、カリの化合相手である塩素が作物に悪影響を及ぼす恐れがあるからです。イモやマメなどのデンプン作物に塩素が多く吸収されると、収穫物は繊維質の多い筋張ったものになります。葉物野菜でも同じで食感が悪くなります。逆にワタや麻など頑丈な繊維質をつくる場合は、よいものがとれます。

▼硫酸カリは夏に使う

露地の畑作用には硫酸カリがもっとも低コストで安全ですが、冬の低温期には効きにくくなります。液肥としても夏の高温期なら簡単に使えますが、冬場0℃近い環境では水溶性が低下して使いづらくなります。温かい井戸水にはさっと溶けるのですが、水温が低

お湯で溶かしてから冷ました硫酸カリ（水溶液5％）は溶けきっているが（左、水温25℃）、さらに水温が下がるとビーカーの底に見えるように再結晶してくる（右、水温5℃）

下すると再び結晶して析出してしまうのです。厳寒期、熱湯に溶いた硫酸カリをストックに葉面散布したら、出荷時には白い粉が吹いたようになり、クレームがついたという例もあります。

また、チッソ単肥で説明したように、水に溶けた硫酸カリはカリイオンと硫酸イオンに分かれます。遊離した硫酸イオン（硫酸根）が副生物として残り、土壌を酸性化します。

▼重炭酸カリは
土壌を酸性化しない

土壌を酸性化させたくない圃場では重炭酸カリが使えます。カリの相手が二酸化炭素ですから後に何も残しません。二酸化炭素は空気中に放出し、残ったカリは強アルカリのため、土壌をアルカリ化します。石灰を使わず化学反応によって土壌改良できるわけです。

▼硝酸カリは
夏も冬も使える肥料

硝酸とカリの化合物である硝酸カリは、昨年来、価格が急騰したので困りものですが、夏冬ともに安定して液肥として使える便利な肥料です。チッソとカリ以外に何も含んでいないので、土壌に硫酸根などの副生物を残して荒らすこともありません。水耕栽培用液肥としても利用できるたいへん使いやすい肥料です。

▼草木灰や前作残渣も
重要なカリ肥料

最後にカリは自然界にも多く存在する元素です。草や木を焼けば自作の化学肥料炭酸カリができます。この草木灰にはカルシウムなども含まれていてアルカリ性の肥料です。また、前作物自体もよいカリ肥料として元肥的に利用できることも忘れてはいけません。

リン酸肥料

リン酸はチッソやカリほど必要ない

これまでに、植物がその体（有機物）をつくるための原料としてチッソを必要とし、そのチッソを消化したり光合成によってできた生産物を運んだりするために、チッソに見合った量のカリを必要とする、というお話をしましたが、リン酸は植物にとってどのような役に立っているのでしょうか。

リン酸は生長点付近の若い葉や枝、伸長中の根の先端、肥大する果実など細胞分裂が盛んな場所に集中的に必要な物質であり、リン（P）はDNAの構造の重要な位置にある元素です。したがって、リン酸が不足すると植物は生育ができませんから、特に若い植物にとっては必須の肥料要素ということになります。

ただ、植物はリン酸を他のチッソやカリほど量的には要求しません。イモやマメ類のように、相対的にチッソよりリン酸を必要とする作物もありますが、ストックを例にとれば、10a1作当たりチッソ、カリともに30kg前後必要なのに対して、リン酸の吸収量は2～3kgといわれています。

効きにくいからと過剰施肥されてきた

元肥重点で水持ちのよい圃場では水溶性のリン酸が大量の藻を発生させているのをよく見かけます。とくにリン酸の多い山型肥料では顕著です。この水は大雨や落水で排水路から湖や海に流れ込み、そこでもアオコや赤潮を発生させて富栄養化、環境破壊の原因になることが問題視されています。

従来の慣行栽培では、リン酸は利用効率が悪いから必要以上に施用すべきだ、という指導もあり、あまりにも過剰に施用されてきたきらいがあります。肥料価格高騰の現在、もう少しリン酸施肥については考え直してみる時期なのかもしれません。

リン酸肥料はほとんどが動植物の化石

さて、リン酸肥料について表6にまとめてみましたが、リン酸には単肥というものがありません。また、製鋼スラグ（鉱さい）由来のごく一部を除けば、工業的に合成したリン酸肥料というものも生産されていません。リン酸肥料は現在、リン鉱石を原料にしてつくられていますが、これはほとんどが大昔の動植物などの化石なのです。

▼過石——サッと溶けて効きやすい

過リン酸石灰（過石）は一般に化学

肥料と思われていますが、歴史的には骨粉に硫酸を作用させた肥料として出発したものです。動物の骨の主成分はリン酸カルシウムですから、できた過石は硫酸カルシウムとリン酸カルシウムの複合肥料で、6割以上が石灰とイオウからできた水溶性の高い、酸性肥料です。サッと水に溶けて効かせたいときに効く便利なもので、寒冷地や気温が低いときにも効く特性があります。ただ、酸性なのでアルカリ肥料と直接混合すると効きは悪くなります。また、形状によっても違いがあり、サッと水に溶ける粉状タイプと、土壌に吸着されにくい造粒タイプがあります。

▼熔リン——ゆっくり効く元肥向き

熔成リン肥（熔リン）は水には溶けず土壌にも吸着されにくい「ク溶性」のリン酸肥料で、元肥として使用します。リン酸吸収係数の高い火山灰土壌でも効きやすく、過石とは逆にアルカ

かん水すると、粉状過石は水にすぐ溶けて浸みこむ

表6　リン酸肥料の一覧

肥料名	成分量	水溶性	肥効	pH	特性など
過リン酸石灰（過石）	ク溶性 17% うち水溶性 14%	高い	速効性	3.7	水溶性が高く速効型のリン酸肥料。酸性の石灰資材でもある
重過石	ク溶性 34% うち水溶性 31%	高い	速効性		
重焼リン	ク溶性 35% うち水溶性 20%	半量が水溶性	やや緩効	4.8	ク溶性と水溶性のリン酸成分を半々に含むため肥効が持続的
リンスター	ク溶性 30% うち水溶性 5%	一部水溶	緩効性	5.8	熔リンよりもさらに弱酸に溶け、水溶成分も含む
骨粉	ク溶性 20～30%	不溶	緩効性		水溶性がないため土壌鉱物に吸着されにくい
熔成リン肥（熔リン）	ク溶性 20～25%	不溶	緩効性	9.5	強アルカリ性肥料
リン酸アンモニウム（燐安）	水溶性 20%	液体	速効性	9.2	リン酸とアンモニアの化合物。肥料法上は複合肥料だが、副生物を持たない肥料

リ性なので、酸性土壌の改良にも使えます。

▼骨粉──熔リンより効きがいい

骨粉も水に溶けず土壌にも吸着されにくいので緩効性ですが、動物性で多孔質なので熔リンより効きはよいです。

▼リンスター、重焼リン──熔リンと過石の中間型

リンスター、重焼リンはク溶性と水溶性のリン酸をそれぞれ含んでおり、熔リンと過石の中間的な性格を持っています。

▼燐安──葉面散布や液肥に便利

リン酸アンモニア（燐安）はリン酸（弱酸）とアンモニア（強アルカリ）の化合物で、他のリン酸肥料とは違って硫酸根も石灰分も含みません。透明

過リン酸石灰を畑にまくと

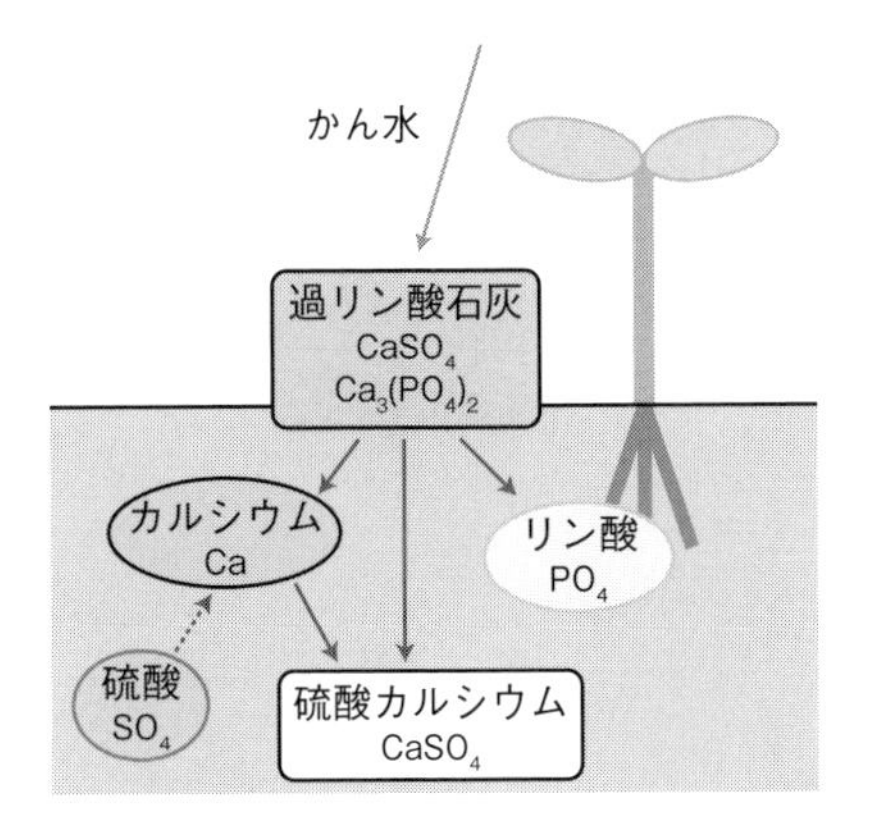

中身の6割が硫酸カルシウムで、土壌中でも安定している。4割がリン酸カルシウムで、水に溶けるとリン酸イオンPO4とカルシウムイオンCaに分離し、それぞれ植物に利用される。カルシウムイオンの一部は土壌中の硫酸イオンと反応して硫酸カルシウムに

残渣マルチをしたナス苗

マルチの下にいる虫たち

で副生物も持たない液体なので葉面散布や液肥として便利に使えます。

リン酸施肥が必要な土、そうでもない土

リン酸は気候や土壌条件によって必要な施肥量に大きな差があります。たとえば、熱帯地方のジャングルは高温多湿なために有機物の分解が早く、多雨による無機質の流亡も激しいために土壌そのものが痩せてゆく傾向にあります。逆に北海道や高地湿原など寒冷地では、生物による分解が緩慢なために泥炭や未分解有機物がそのまま堆積して土壌が熟さないという土地もあります。また火山灰土壌では、リン酸固定が激しいために、あっても利用できないリン酸も多く存在します。これらの土地では作物を栽培するうえでリン酸施肥は大きな意味があるでしょう。

しかし、私が住む三重県もそうですが、比較的温暖な本州では、基本的にリン酸は圃場という環境の中でその多くが生きた状態、つまり藻類、菌類、微生物、ほかの動植物やその死骸に捕らえられた形（バイオマス）で循環しています。作物もその循環の中に身を置いている、と考えるとリン酸との付き合い方も自ずと見えてくると思います。実際私はこれまで黒ボク土壌の水田のイネのリン酸不足症状（分けつが悪くなる）以外、リン酸欠乏症状を見た経験はありません。

残渣や虫、微生物がリン酸を循環

右上の写真は不耕起ウネに定植したナスと残渣マルチのようすです。前作のキャベツや冬の雑草が吸収した肥料分はすべてこのマルチとなって貯金されています。その下の写真は残渣マルチを剥いで見たところです。土との境

界で残渣を食べるこれらの虫の排泄物は常時供給されるリン酸肥料です。そして、ここで生まれては死んでゆく虫や微生物それ自体もまたゆっくりと循環する生きた肥料なのです。

　水溶性のリン酸は土壌中を思った以上に動きます。そして、肥料分と水分と空気が十分にある地表面を作物の吸収根がビッシリと這い回ります。このような地表下数cmの世界が、作物にとっても土壌とそこに住む生物にとっても非常に重要な生活圏なのです。

地表面を出入りするトマトの吸収根

　単肥のお話があまりありませんでしたが、リン酸肥料とはそういうものなのだということです。

カルシウム肥料、マグネシウム肥料

微量要素は土にある

　作物が生育するには、必須元素といわれる16種類の元素、酸素、水素、炭素、チッソ、リン、カリウム、カルシウム、マグネシウム、イオウ、鉄、マンガン、ホウ素、亜鉛、モリブデン、銅、塩素が必要です。このうち酸素、水素、炭素については自然界から水や二酸化炭素の形でいくらでも得ることができるので、あらためて施肥する必要はありません。

　また、一般に微量要素といわれる鉄、マンガン、ホウ素、亜鉛、モリブデン、銅、塩素などは、よほど特殊な土地でない限り、植物が生育するのに必要な量はその土地に始めから存在しているので、これも欠乏障害や過剰障害などが発生しない限り気にする必要はないと思います。

　ただ、人工培土を利用した施設園芸や水耕栽培などでは、本来土壌や大気から供給されるはずのこれらの元素のすべてを人工的に肥料として与えてやる必要があります。

カルシウムとマグネシウムは「肥料」として重要だ

　さて、われわれ一般的農家が日常の作物栽培に肥料として扱っているのは残るチッソ、リン、カリウム、カルシウム、マグネシウムの五元素ということになりますが、肥料は従来「三要素」＋「その他の肥料」として扱われてきました。これは、18世紀以来ヨーロッパで発達してきた「肥料学」を明治時代に輸入し、そのまま利用している影響だと思います。しかし比較的寒冷で少雨、石灰質に富んだヨーロッパの土壌と、雨が多く、酸性土壌で石灰質の乏しい日本の土壌とでは、自ずと成分要素の必要度に違いがあるはずなのです。

これまで石灰資材は酸性土壌の改良を主な目的にして使われることが多かったのですが、近年、カルシウムやマグネシウム（苦土）の肥料としての重要性が言われるようになってきました。農家が作物の病気と思い込んでいる症状には、じつはこれらの元素の欠乏症ではないのかな？　と思われる事例もよく見かけます。ということで、本項ではカルシウムとマグネシウム単肥について紹介します。

カルシウム

作物の健康と病気防止に

カルシウムは植物の細胞組織の骨格として必須の元素で、しかも植物体内での移行性が小さいので、新しい葉や芽などの幼い組織に常時供給されないと欠乏症が現れ、病気が発生します（下の写真）。

また、カルシウムは光合成によってつくられた糖やデンプンの転流にもかかわっており、植物の生長過程で生成される有機酸を中和して体内のpHを中性に保つ働きもしています。つまり、作物の健康と病気の侵入防止のために重要な仕事をする元素でもあります。

さて、カルシウム単肥のおもなものには生石灰、消石灰、炭酸石灰などがありますが、原料はすべて同じものです。

カルシウム欠乏でストックの生長点が枯れ、菌核病が発生したところ

▼生石灰はすぐに水をかけるか土にすき込む

生石灰（酸化カルシウム）はふつう石灰岩（炭酸カルシウム）を高温で焼いてつくりますが、袋から出した時点で空気中の二酸化炭素と反応すると、もとの炭酸カルシウムに戻ってしまいます。生石灰は圃場に散布したまま放っ

ておくとカルシウム資材としては役に立たなくなってしまうので、速やかに水をかけるか土にすき込んで水酸化カルシウムの形に変える必要があります。

▼消石灰は尿素や硫酸との近接散布は避ける

消石灰（水酸化カルシウム）は工業的にも生石灰と水を反応させてつくりますが、乾燥した状態で空気中に晒し（さらし）ておくと、次第に炭酸カルシウムに戻ります。土中にすき込んだ消石灰は比較的長く速効性のカルシウムとして効き続けますが、その分ほかの肥料（尿素、硫安など）要素と反応してアンモニアガスを発生させることがあるので注意が必要です。

表7　カルシウム肥料

肥料名	Ca成分量	水溶性	特性など
生石灰（酸化カルシウム）	80%	発熱反応（危険）	空気中では存在できない 水と反応して消石灰に変化する
消石灰（水酸化カルシウム）	60%	少し溶ける	空気中では炭酸石灰に変化する 土壌中の硫酸根と結合し石膏化する
炭カル（炭酸カルシウム）	50%	不溶	貝殻、サンゴ礁、石灰岩など

カルシウム肥料の変化

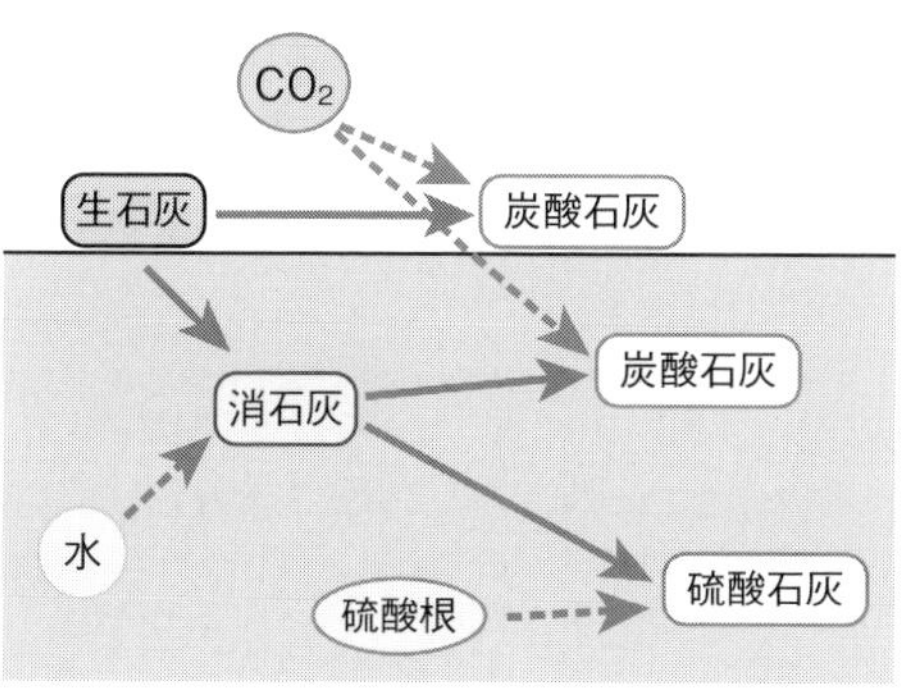

水に溶けた水酸化カルシウムは強いアルカリ性を示しますが、その溶ける量は水1t当たり1・7kg（約600倍）とごくわずかです。

▼炭カルは他の肥料と同時散布できる

炭カル（炭酸カルシウム）の原料には粉砕した石灰岩やカキ殻、ホタテ貝殻などがありますが、多孔質の構造を持ち、石灰以外のミネラルなど微量要素も含んだ動物性のものが安くて効果的なようです。

また、尿素や硫安などほかの肥料と反応もしないので同時に散布できます。

マグネシウム

葉緑素の中心で、タネにリン酸を送る役目も

マグネシウム（苦土）は葉緑素の中心になる重要な元素で、欠乏すると葉は黄化して光合成能力が下がってしま

います。また苦土は種子へリン酸を送り込む役目もしており、タネ取り用や種子を食べる作物にとっても必要な元素です。

▼硫マグは追肥向き

硫酸マグネシウム（硫マグ）は硫酸とマグネシウムとの化合物です。水溶性が高く速効性なので、苦土欠乏が見られる作物への急な追肥に便利です。

▼水マグは元肥向き 酸性土壌のpH改善も

水酸化マグネシウムは成分の半分以上が苦土でできており、化学的にも生理的にも強アルカリ性を示す面白い肥料です。しかもク溶性で激しい性質はありませんので、長効きする苦土元肥として、また「石灰過剰の酸性土壌」のpH改善にも使えそうです。この肥料は酸性土壌中のリン酸の肥効をよくする相互作用も持っています。

苦土欠乏によるストック葉面の黄化

表8　マグネシウム肥料

肥料名	Mg成分量	水溶性	肥効	特性など
硫酸マグネシウム	25%	高い	速効性	生理的酸性肥料 追肥に使用すると有効
水酸化マグネシウム	55%	低い	ク溶性	強アルカリ性肥料 酸性土壌中でリン酸との相性がよい

※硫マグの「生理的酸性肥料」とは、植物が肥料を吸収した時点で土壌が酸性になる肥料のこと。マグネシウムは基本的に強アルカリ性物質なので酸性土壌の改良も兼ねることができるが、硫マグに限っては硫酸根が残るので、アルカリ土壌を酸性にもっていく改良もできそうだ

カルシウム、マグネシウム、カリは強アルカリ金属

今回説明したカルシウムやマグネシウム、そして以前に紹介したカリウムなどの正体は、化学的な性質でいうと「アルカリ金属」や「アルカリ土類金属」に分類される金属です。つまり、名前のとおり水に溶けた状態では強いアルカリの性質を持ちますから、植物にとっての必須元素としての役割とともに、土壌そのものをアルカリ化してくれる働きもあります。効果的に酸性土壌を改良する方法はいろいろ考えられるということですね。

親子3代で田植え。左から薄井家8代目の勝利さん、9代目の吉勝さん、10代目の勝史くんと兄の吉十代（よしとよ）くん。薄井家ではイネ5haのほか、リンゴ1.5haもつくる（依田賢吾撮影、以下Y）

稲作名人が教える チッソ・リン酸・カリ・マグネシウム・ケイ酸肥料

福島県須賀川市・薄井勝利さん

本誌で連載中の稲作名人、薄井勝利さん（80歳）の農園に、将来の後継者となるお孫さんが就農した。この春大学を卒業したばかりの勝史（かつふみ）くん（23歳）だ。小学4年から大学まで、野球一筋。高校時代は地元の名門校で4番を張ったほどで、体力、腕っぷしには自信があるが、農業はまったくの素人。「野球で忙しくって、家の手伝いもリンゴの収穫作業くらい」だったそうだ。

そこで今回、農業経験わずか3カ月の勝史くんでも理解できるように、肥料の話をわかりやすーく語ってほしい、と編集部から薄井さんに特別講義をお願いしてみた。

——勝史くん、はじめまして。さっそくですが、肥料のことはどのくらい知ってますか?

孫　いや、ホントちんぷんかんぷんです。元肥をまくときに、肥料袋を運んだくらいで、ソフトシリカとか、なんだっけ? 硫……、なんとかってやつとか。

——あ、硫安ですかね。作業を手伝ったのは元肥だけ? 追肥とかはしてませんか?

薄井　追肥はまだ全然知らないよ。全部オレがやってっから。息子(勝史くんのお父さん)にも教えてない。リンゴの加工(ジュース、ジェラート)と販売で息子は飛び回ってるから、忙しくって教えるヒマがなかったんだな。イネの機械作業はやってもらってるけど、施肥設計とか追肥は全部オレがやってきた。今年は孫が就農したけど、うちの圃場で薄井流疎植水中栽培の全国大会があったから、肥料散布は指一本触れさせていません。みんなにヘタなイネは見せらんねぇべ。

まぁ、勝史に肥料散布させるのは来年からだな。まずは、人目につかない田んぼからだよ(笑)。難しいんだよ、肥料散布ってのは。最初は凸凹のイネができっから。

——なるほど、予備知識ゼロということですね。かなり教え甲斐がありそうですねー。それでは、薄井さんの施肥設計の表(133ページ)を見ながら、話をすすめていただきましょうか。

チッソってなに?
硫黄ってなに?

チッソと硫黄はイネの体を大きくする

薄井　まず、この表を見て、チッソ肥料はどれかわかっか?

孫　えーと、さっきの硫安と、あとなんだっぺ。この硫マグかな?

薄井　硫マグは、硫酸マグネシウム。チッソでなくて、マグネシウム肥料だな。うちではアジノールっていう名前の肥料を使ってるべ。あとは、尿素って書いてある袋が倉庫にあるだろ? それがもうひとつのチッソ肥料。

じいちゃんはチッソのことを「肉付け肥料」って言ってるんだ。植物が生長する上でなくてはならない肥料。人間でいうと肉とか魚。タンパク質だな。

薄井さんの施肥例（肥料の量は10ａ当たりのkg数）

＊目標600kg（コシヒカリ）のとき

施用時期	日数	肥料名	現物	N	P	K	Si	Mg
元肥		発酵鶏糞	100	2	4.6	3.6		
		硫安	10	2.1				
		熔リン	40		8			4.8
		シリカ21	140				101.5	
		塩加カリ	10			6		
		イナワラ	全量					
茎肥	45日前	シリカ21	20				14.5	
	43日前	過石	20		1.7			
		硫マグ	20					2.2
	40日前	硫安	10	2.1				
		尿素	2	1				
穂肥	30日前	尿素	4	1.8				
実肥	7日前	シリカ21	20				14.5	
	5日前	過石	10		1.7			
		硫マグ	10					2.2
	1日前	尿素	2	0.9				
味肥	10日後	シリカ21	20				14.5	
	12日後	過石	10		1.7			
		硫マグ	10					2.2
合計成分量				9.9	17.7	9.6	145	11.4

孫　ふーん。じゃあ、硫安と尿素はどう違うんだ？

薄井　タンパクをつくる原料がチッソなわけだけど、もうひとつ非常に重要なのが硫黄という成分（同じくタンパクの原料）。これが入っているかどうかが大きな違いだ。硫黄ってのはわかるか？

孫　温泉とかで臭ってくるやつだべ。

薄井　そう。日本は火山国だから、土の中に硫黄分はあるわけだ。だけど、ふつうより上級なイネをつくろうとすれば、土の中にあるだけでは足りない。だから肥料で与える。硫安はチッソと硫黄を含むから、イネの葉っぱを大きくしたり、分けつをたくさん増やすためには非常に優秀な肥料なんだな。

元肥の硫安は代かき前に、水の上からまけ

薄井　代かきの直前にオレが水の上から動散で肥料をまいてたのを覚えてる

か？　あれが硫安だ。ふつうの人は、荒起こし前の乾いた状態の田んぼにチッソ肥料をまくんだども、その場合はな、じいちゃん見てて、**チッソの半分くらいは逃げていってると思うぞ。みんな、元肥でうちの3倍くらいのチッソを入れてるけども、うちの3倍の生育にはならない**。なぜなら、硝酸態チッソになって逃げてくからなんだ。

孫　しょうさんたい……チッソ？？逃げる？

薄井　チッソにもいろいろ種類があってな、**イネはアンモニア態チッソを吸う植物だ**。硫安の「安」は、アンモニアの「アン」。アンモニア態チッソを乾いた土にまくと、土の中の硝化菌という微生物に分解されて、硝酸態チッソに変化するんだ。だから、**水を入れる前に元肥のチッソを入れても、多くはイネの吸えない硝酸態チッソになってしまう**。イネに吸われないまま、水で流されてしまうというわけ。これだと肥料の無駄遣いだべ。

逆にいうと、元肥にチッソを5kg入れても、3kgくらいしかイネに効いてないから、稲作は成り立ってるってことだ。ホントに全部効いたら、まだ幼稚園児みたいな幼いイネに焼肉ばっかり食べさせてるようなもんだべ。肥料分が逃げてちょうどいいんだな。

孫　じゃあ、一番得するのは、肥料会社ってこと？　逆に、水を張ってから硫安をやれば、逃げないってわけ？

薄井　酸素のない状態では硝化菌が活動できなくなるからな。アンモニア態チッソは分解されずに、水に溶けてプラスの電気を帯びた状態になる（図）。一方で、土はマイナスの電気を帯びてっから、プラスのアンモニア態チッソが吸着されるんだ

チッソが土にくっつくとき、くっつかないとき

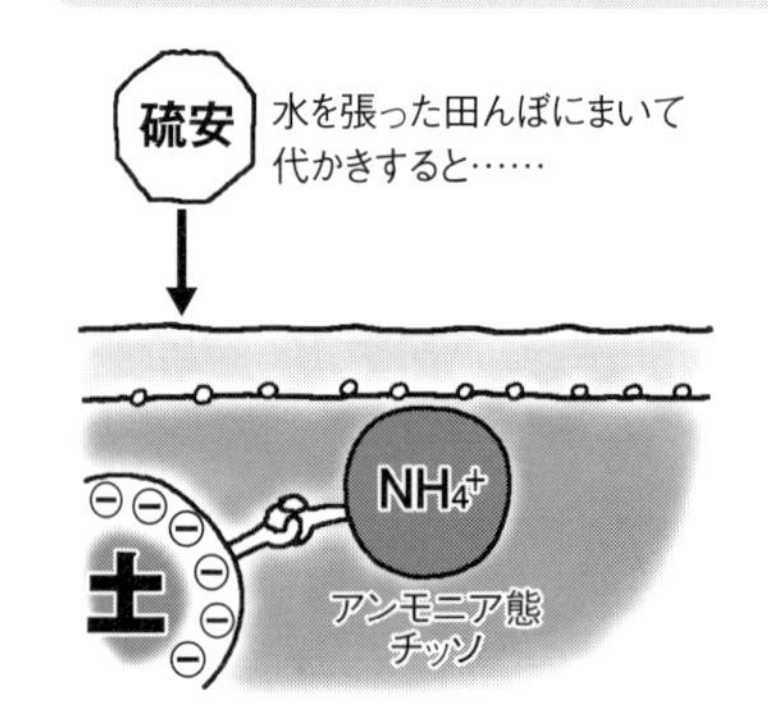

アンモニア態チッソは土に吸着される。根が近づくと吸収できる

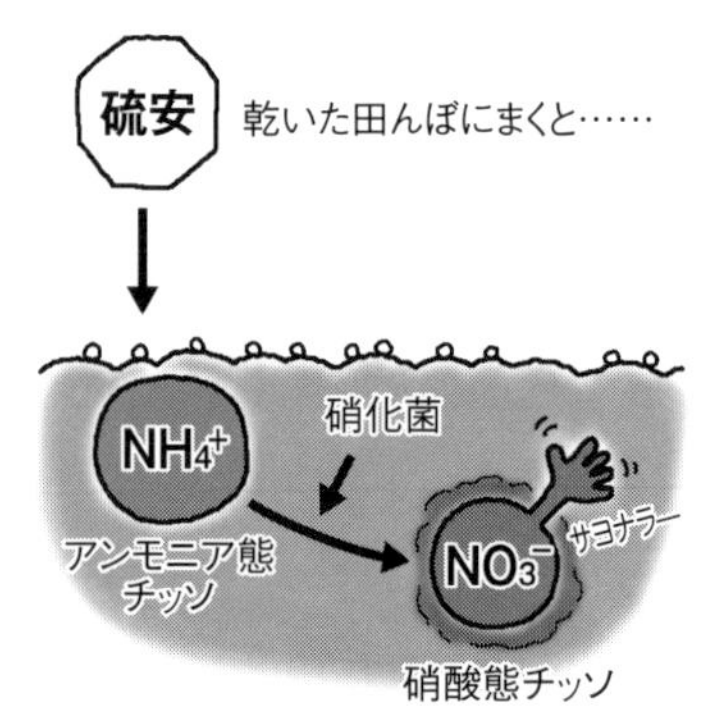

酸素のある条件で活動する硝化菌に分解されて硝酸態チッソとなる。硝酸態チッソは土壌に吸着されず、水に溶けて流亡しやすい

な。静電気で髪の毛がくっつくのと同じようなもんだ。**硝化菌に横取りされずに、土にくっつかせたいから、じいちゃんは水を入れてから硫安をふるわけだ。**

ちなみに、硝酸態チッソはマイナスの電気を帯びるから、土にはくっつかない。水で簡単に流されてしまうわけだ。

孫　へー、そんなことまで考えてやってるんだ。

薄井　代かきのときは、じいちゃんが1、2時間前に、水を張った田に動散で硫安をふって、それからオヤジがトラクタを走らせたべ。オヤジは代かきするのに水が多いからって、水を抜いてたのを覚えてっか？　普通の農家は「せっかくまいた肥料が流れちまう」って心配すっけども、アンモニア態チッソは逃げない。土にくっつくのは、それくらい早いんだよ。

子どもの頃は硫安、成人式を過ぎたら尿素

孫　へー、よくできてるもんだよなー。じゃあ、尿素はどういう肥料なわけ？

薄井　さっきの話に戻るけども、尿素には硫黄が入っていない。だから、イネの体の大きさが決まってからやる。子どもの頃は硫安、成人式を過ぎたら尿素だな。**人間も育ち盛りには脂の多い肉が好きだけど、大人になるとさっぱりした魚を好むようになるべ。イネも栄養生長から生殖生長に変わったら、体を維持していく分だけのタンパク質でいい。**硫黄については土の中に含まれる分で足りると考える。

それと、チッソ肥料としては、元肥で入れる鶏糞もある。これは有機質だから分解されるのにもっと時間がかかる。じいちゃんの田んぼは深水にするから、初期に鶏糞の肥効はほとんど出ない。水を落としてからじんわり効い

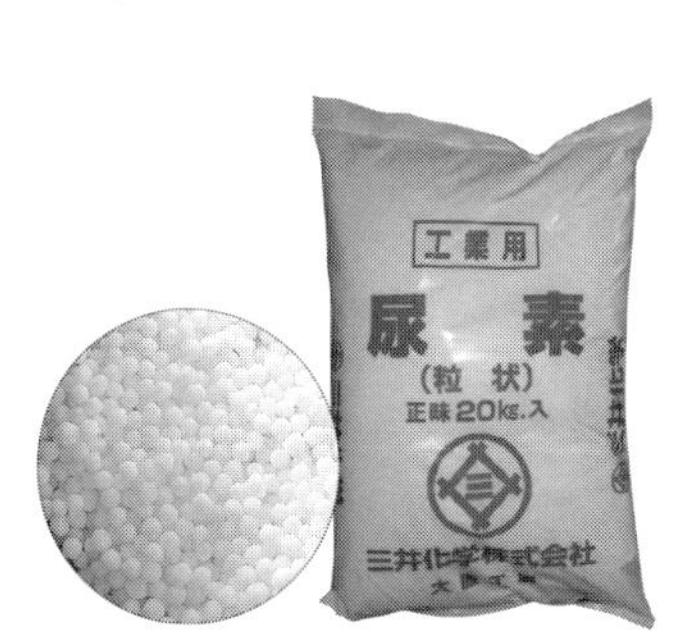

尿素
尿素態チッソ46％を含む。水にきわめてよく溶ける。施してもすぐには土壌に吸着されず、2日ほどで炭酸アンモニアに変わって吸着される

(Y)

硫安
アンモニア態チッソ21％、硫黄24％を含む。水によく溶け、土壌に吸着されやすく、作物にもよく吸収される

てくる。まぁ、鶏糞のチッソはイネに与えるというより、土壌微生物が食べるエサとしてやってるイメージだな。

ク溶性・水溶性ってなに？

リン酸でイネをギュッと締まった体に

薄井　ちょっと話が難しくなってきたかな。細かいことは、やりながら覚えていくとして、次はリン酸について見てみるべ。この表（133ページ）で、リン酸肥料はどれかわかるか？

孫　えーと、名前から推測すると、熔リンかな。

薄井　そう。それに過石というのもリン酸肥料。過リン酸石灰っていうんだ。これはリン鉱石を硫酸で溶かしてドロドロにしてできた灰だな。

孫　リン酸はどういう働きをするわけ？

薄井　リン酸は細胞膜をつくる元素で、細胞と細胞をピチッとくっつける働きをする。**リン酸が足りないと細胞がガタガタになって病原菌の侵入を許してしまう。リン酸が効いたイネは葉幅が広くて、背筋を張ったようにすっきり、ピーンと伸びる。**イネをギュッと締まった体に鍛える成分だな。

孫　ふーん。リン酸肥料も使い分けがあるの？

薄井　熔リンは元肥、過石は追肥で使う。熔リンはク溶性、過石は水溶性の肥料だから。水溶性ってのはわかるべ、水に溶ける肥料。ク溶性ってのは、クエン酸の「ク」からきてる。水では溶けずに、薄い酸で溶ける肥料。じゃあ、誰が薄い酸を出すかというと、イネの根っこが先端から出す。**根っこがク溶性の肥料のある場所まで到**

(Y)

熔リン

ク溶性リン酸17%、ク溶性苦土12%を含む。水に溶けず速効性はないが、土壌中のアルミニウムなどに固定されにくく、作物にゆるやかに吸収される

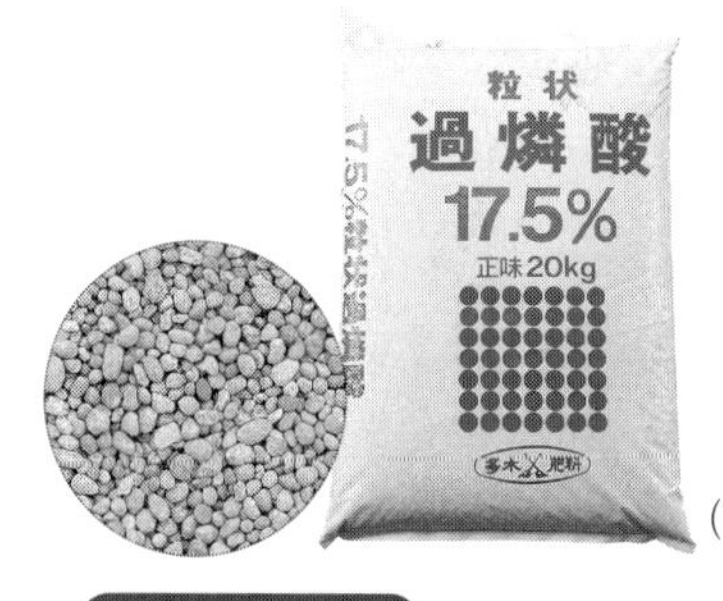

(Y)

過リン酸石灰

水溶性リン酸14～17%、ク溶性リン酸も少量含む。速効性があるが、土壌中の鉄やアルミニウムに固定されやすく、肥効の持続期間は短い

2人の孫に田植え時の葉齢を教える(Y)

達すると、「根酸」っていう薄い酸を出してちょっとずつ溶かして、吸っていくんだ。だから、ク溶性の熔リンは元肥で散布し、土の中にすき込んでやる。ク溶性の肥料は酸素のない状態でないと効かない性質もあるからな。追肥で表面にふっても効かないんだ。

マグネシウムは葉緑素の中心元素

薄井　それと熔リンにはリン酸のほかに、ク溶性のマグネシウムも含まれている。熔リンはマグネシウムの元肥でもあるんだな。マグネシウムは追肥でも使ってるけど、この表（133ページ）でどれかわかるか？

孫　えーと、さっきチッソ肥料と間違えたやつ。硫マグだな。

薄井　そう、硫酸マグネシウム。じゃあ、追肥でこれを使うってことは？

孫　硫マグは水溶性ってことか。

薄井　そういうことだべ。マグネシウ

(Y)

塩化カリ

水溶性カリを60%含む。カリ鉱石を溶解、再結晶させるなどの方法でつくる。草木灰にも多く含まれる

(Y)

硫酸マグネシウム

水溶性マグネシウム16～25%を含む。マグネシウムは苦土とも呼ばれ、豆腐を固めるのに使う「にがり」の主成分でもある

ムってのは、葉緑素の核となる中心元素。光合成をしてデンプンを蓄えるのに、なくてはなんねぇ肥料だ。だから、**硫マグを追肥するとイネの緑が濃くなって、光合成能力が上がる。**今(7月下旬、出穂20日前)の時期、じいちゃんの田んぼは周囲の田んぼと色が全然違うべ。これは、茎肥や穂肥でチッソをしっかりやってるってのと、硫マグもしっかりふってるからだ。イネもいっぱい光合成をして、たくさんご飯を食って体力つけないと、元気な子どもを産めねぇべ。

カリはトラック

茎元に集まった栄養をカリが運搬

薄井 次はカリについて説明するか。チッソ、リン酸、カリは植物の三大要素っていうんだ。チッソは肉(タンパク質)、リン酸は細胞膜をつくってイネを締まった体にする、カリは肥料を運搬する役目だ。これも図にしたほうがいいべな(下の図)。

昼間、葉っぱでは光合成をしてデンプンがつくられる。デンプンはいったん葉っぱから茎元まで運ばれるんだけど、それをまた生長点や根の先端に運搬するのがカリなんだ。

孫 最初に茎元まで運搬するのは、どうやってやるんだ?

薄井 それは、濃度差、浸透圧で集まってくるんだ。水溶液は濃度の濃いほうから、薄いほうへ移動して、均一になろうとする性質がある。昼に光合成をすると、葉っぱのデンプン濃度がどんどん高まるべ。そしたら、濃度の低い茎元へとデンプンが流れてくるんだ。根から吸ったチッソやリン酸、カリ、マグネシウムも同じで、根っこから茎元へと運ばれる。今度はそれらを必要としている場所に分配するのがカリの役割だな。肥料を運ぶトラックだな。運び終えたら茎元に戻ってきて、また運ぶ。

孫 茎元がトラックのターミナルにな

カリは養分を運ぶトラック

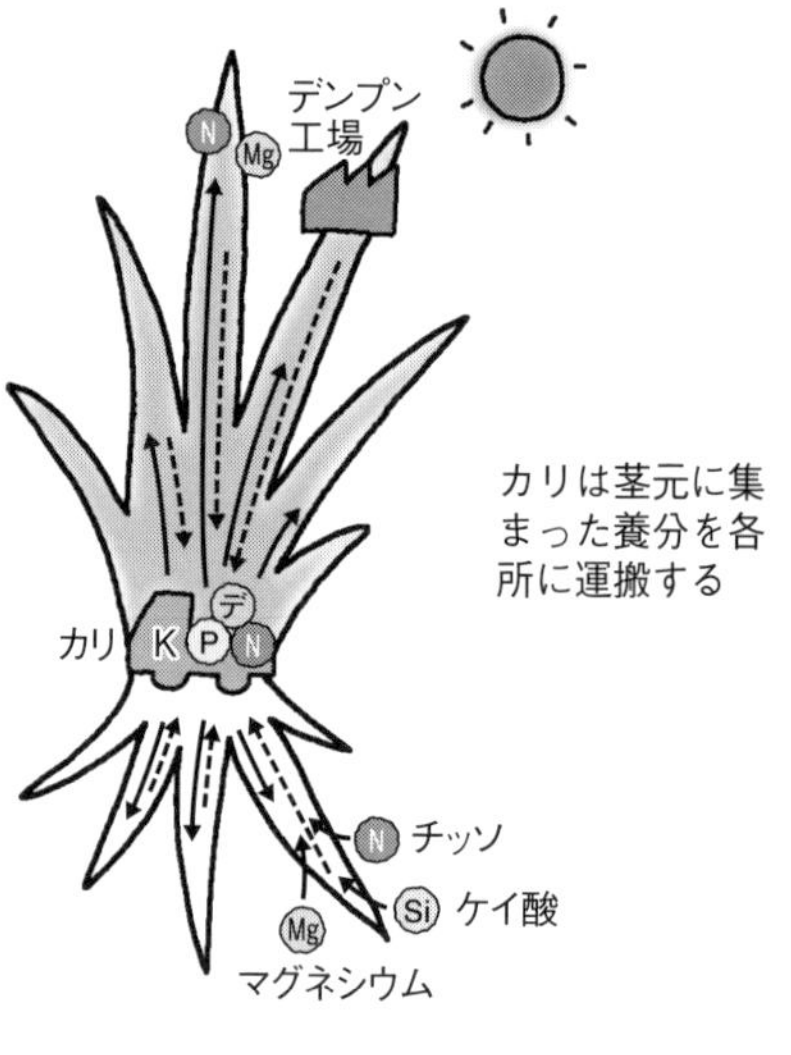

デンプン工場
カリは茎元に集まった養分を各所に運搬する
カリ
チッソ
ケイ酸
マグネシウム

ってんだな。
薄井　そうだ。**カリはイネの体ん中をぐるぐる回ってっから、収穫後のワラにもたくさん残る**。うちみたいに40年も50年もワラを田んぼに還してると、カリは余るほどあんだ。でも、根っこの短い初期のイネはワラからのカリを十分に吸えないから、元肥にだけ塩化カリを補給してやる。その後は必要ねぇな。

　それと、カリが多すぎると、お米の粘りが少なくなって食味が悪くなる。**カリとマグネシウムの比が大切だそうで、マグネシウムが多いほうが粘りや弾力が増しておいしくなる**し、梅雨明け後も食味が落ちにくい米になるんだ。

　慣行栽培では追肥でＮＫ化成（チッソとカリを含む化成肥料）ってのをやるが、じいちゃんにいわせれば、わざわざ米の食味を落とすような施肥だな。

ケイ酸が骨格をつくる

葉っぱで指先が切れるのは、ケイ酸の仕業

薄井　いろんな肥料についてしゃべってきたけども、最後に、イネの健康を保つのに一番大事な肥料を話しておかないとな。
孫　あ、あれだべ、ソフトシリカか。
薄井　そう。ソフトシリカは珪酸塩白土っていう白い粘土鉱物だ。じいちゃんがこの肥料に惚れてるのはな、これに含まれるケイ酸が水溶性だってことと、弱酸性で溶けるってこと。田んぼの環境に合った肥料なんだな。熔リンにもケイ酸が20％入ってるけど、これはアルカリでないと溶けねぇ。だから田んぼではほとんど吸われない。
孫　へぇー、それにしてもうちでは大量に使ってるよなー。
薄井　イネはケイ酸植物っていって、チッソの10倍以上もケイ酸を吸う植物だ。こんな経験はねぇか？　イネの葉っぱに指先を当てて、スッと葉っぱを引いてみたらどうなる？
孫　指先が切れて、血が出てくるべな。
薄井　イネ科の雑草もそうだけども、**葉っぱの表面にすっごく小さいガラス**

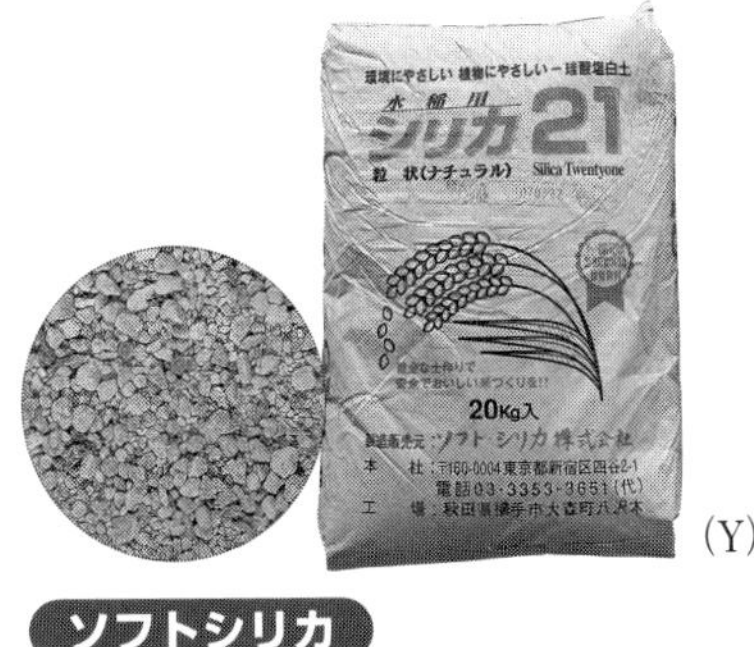

ソフトシリカ
水溶性ケイ酸を73％含むほか、鉄やカルシウムなど16のミネラルを含む粘土鉱物。秋田県横手市で産出される。ケイ素の英語名が「シリカ」

のような硬い物質が並んでるから、そうなるんだ。これがケイ酸なんだ。さっき、じいちゃん、チッソのことを「肉付け肥料」っていってたべ。それに対して、ケイ酸のことは「骨格肥料」って呼んでんだ。イネの体を引き締めるリン酸とか、マグネシウムも骨格肥料といってる。人間でいえば、骨をつくるカルシウムだな。

追肥で大事なことは、肉付け肥料を与える前に、必ず骨格肥料を与えるってことだ。チッソの前には、ケイ酸、リン酸、マグネシウム。だからほら、茎肥や実肥の欄（133ページ）を見てみれ。必ずその5日前に骨格肥料のケイ

リン酸は土壌固定されやすい

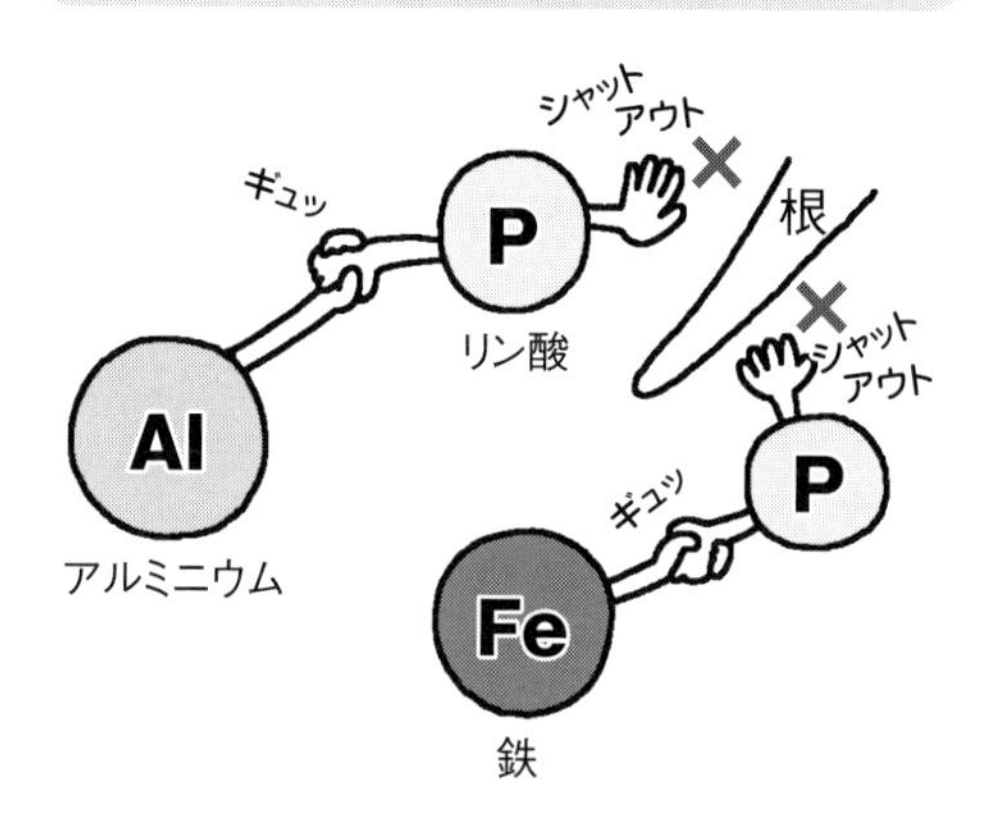

土の中にアルミニウムや鉄が多い火山灰土などでは、リン酸を施用しても土壌に固定されてしまう。根酸では溶かせない

リン酸、マグネシウムをうまく効かせる追肥法

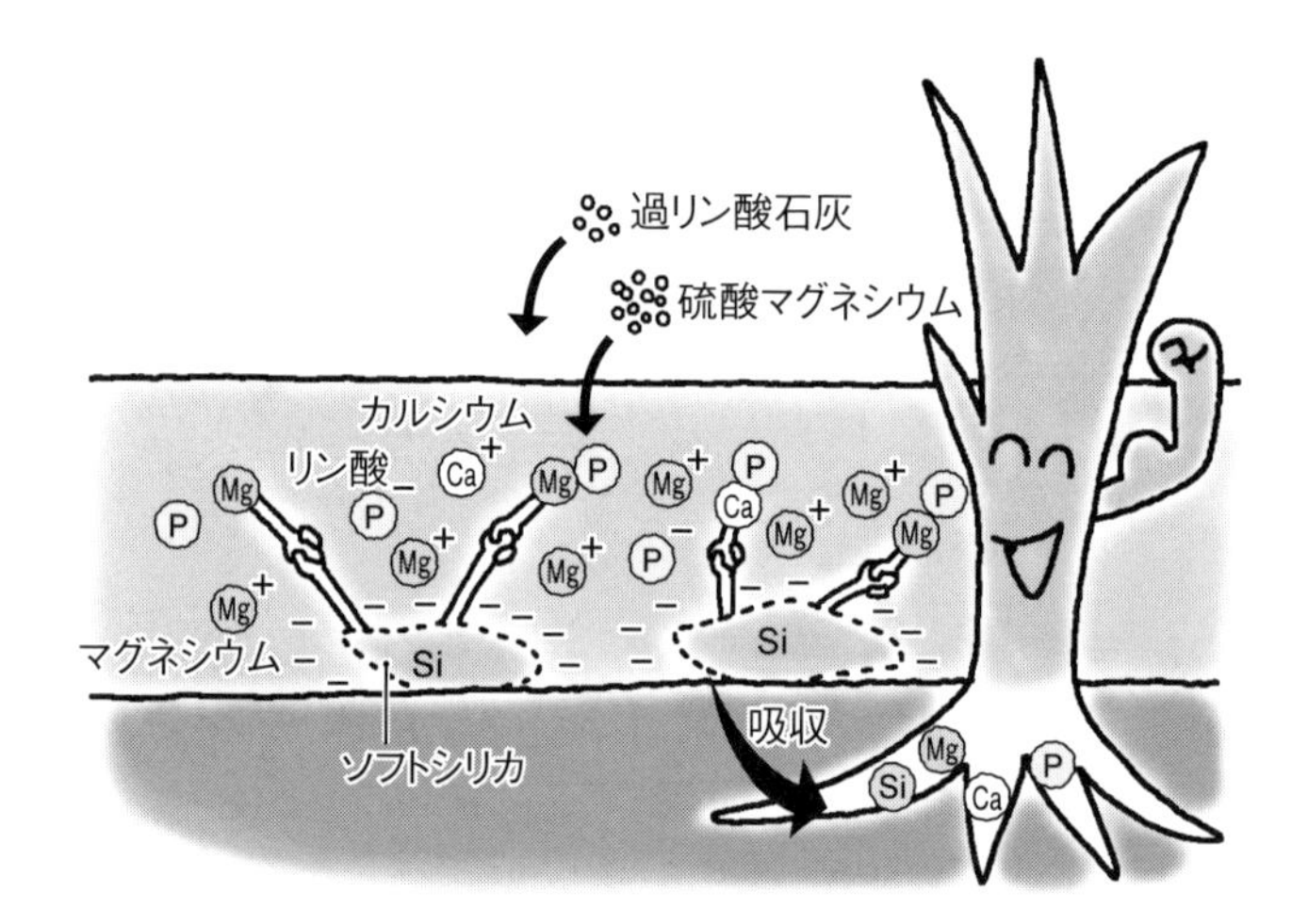

ソフトシリカを施して土壌表面をシリカ層で覆ってから過リン酸石灰や硫酸マグネシウムを施すと、リン酸が土壌固定されずにリン酸マグネシウムやリン酸カルシウムの形でシリカ層にくっつき、無駄なく根に吸収される

孫に溝切り機の乗り方を教える（Y）

酸（ソフトシリカ）をやって、3日前にリン酸（過石）とマグネシウム（硫マグ）をやっているだろ？　この順序を間違ったら、ダメなんだ。

孫　なるほど、骨格をつくってから、肉を付けるのか……。

百姓の科学の答えは　イネの姿にある

薄井　じゃあ、最後にもうちょっと難しい話をするぞ。過石は水溶性のリン酸肥料だべ。水に溶けると、リン酸がマイナスの電気を帯びる。すると、鉄とかアルミニウムとか、土の中にあるプラスの金属に吸着されてしまう。やっかいなことに、鉄やアルミに一度固定されると、根酸を出したくらいでは、ぜんぜん離してくれない。これを土壌固定っていうんだ。とくに関東とかの火山灰土ではひどくて、リン酸をやっても作物にはほとんど効かない。リン酸を土壌固定する強さを表すのに、リン酸吸収係数ってのがあるけれども、関東はこれが2000もある。まあ、この辺り（福島県須賀川市）だと600くらいで、ある程度は効くんだども、それでももっと効率よく吸わせたいわけだ。

　そこで、さっきの追肥の順番が重要になってくる。ソフトシリカは水溶性のケイ酸だから、水を張った田んぼにふると、すぐに溶けてマイナスの電気を帯びたシリカ層をつくる。そのあと、水溶性の過石と硫マグをふると、プラスの電気を帯びたリン酸マグネシウムやリン酸カルシウムという形になって、シリカ層に吸着される。つまり、**リン酸が土の中の鉄やアルミとくっついて土壌固定される前に、シリカ層が確保する**ってわけだ。

孫　シリカにくっついたリン酸は、イネに吸われるわけ？

薄井　水溶性のケイ酸だから、吸われるんだな。ケイ酸とリン酸とマグネシウムの3つがくっついた状態で吸われてしまう。3色の飴玉みたいなもんだ。

　これが骨格肥料を100％イネに吸わせるための理論だよ。じいちゃんが発見した理論だ。ただし、化学的にその通りになってるのかどうかはわからん、ハッハッハ。

孫　えっ⁉　どういうこと？？？

薄井　実験室で調べたわけじゃないからな。大学の教授とかが聞いたら、「そうじゃない」と言うかもしんねぇよ。だけど、それでいい。この通りに肥料をふってイネを見ると、リン酸も苦土もケイ酸もバッチリ効いてるんだから。化学式が一番じゃないんだよ、われわれ百姓は。「先生、オレの理論が間違ってるっていうけど、オレのイネのほうが先生のイネより倍もいいじゃないか」っていってやるんだ（笑）。百姓の科学の答えはイネの姿にあるんだから、それでいい。理屈や理論はあとからつくるってもんだ。編

掲載記事初出一覧

〈第１章〉

肥料袋からわかること

肥料の名前の話

Q　肥料袋に書いてある8－8－8とか14－14－14ってなに？

Q　「追肥専用５５０」と書いてあるのにN15%、P5%、K20%でした！

チッソ、リン酸、カリの話

Q　オール14が安いのはなぜ？

Q　L型の肥料って、いったい何のこと？

チッソ肥料の肥効の話

Q　○○日タイプと書いてない肥料は何日間効くの？

Q　「有機態チッソ」はアンモニア性チッソや硝酸態チッソとどう違う？

（カコミ）尿素と硫安、どっちを選ぶ？

……以上はいずれも2018年10月号

図解　単肥チッソの長所と短所

……2015年10月号

リン酸やカリの溶けやすさの話

Q　ク溶性リン酸のクって、なんのク？

Q　カタログのリン酸肥料一覧に載ってたWP、CP、SP、TP……。何の略？

副成分の話

Q　肥料の副成分ってなに？　どう効くの？

Q　肥料をまくと、土が酸性になっちゃうの？

肥料の分類の話

Q　「配合肥料」と「複合肥料」、「化成肥料」と「化学肥料」って、それぞれどう違うの？

Q　「特殊肥料」って、どこが特殊なの？

Q　袋に「有機入り」と書いてあれば、それは有機肥料ですよね？

粒の形と大きさの話

Q　肥料には粒状とか粉状とかあるけど、どれがいいの？

混ぜ方の話

Q　肥料にも混ぜると危険な組み合わせがあるの？

Q　うまく混ざらなくて、肥料ムラが出ちゃう。

有効期限と保管の話

Q　「生産した年月」から4年もたってる。この肥料、もう使えない？

（カコミ）肥料保管のアイデア

肥料の流通の話

Q　肥料袋って、なんで20kgが多いんですか？

オーダーメイドBB肥料の時代がやってくる

……以上はいずれも2018年10月号

町の肥料屋さんに聞く
肥料袋からわかること、わからないこと

……2009年10月号

各元素の働きと欠乏・過剰症状

……『だれでもできる肥料の上手な効かせ方』より一部抜粋

〈第２章〉

おもな肥料成分の役割と効果

……2015年7月号

そもそも肥料はどうやって吸われる？

……2017年10月号

作物がチッソを利用するしくみ

……2015年10月号

たまったリン酸を使うポイント

……2008年10月号

カリの働きと効かせ方

……2005年10月号

石灰の働きと効かせ方

……2007年10月号

苦土の働きと効かせ方

……2002年10月号

〈第３章〉

常識を疑えば、単肥はもっと使える

私が単肥にこだわるわけ

……2009年5月号

チッソ肥料　……2009年7月号

カリ肥料　……2009年8月号

リン酸肥料　……2009年9月号

カルシウム肥料、マグネシウム肥料

……2009年11月号

稲作名人が教える　チッソ・リン酸・カリ・マグネシウム・ケイ酸肥料

……2017年10月号

本書は『別冊 現代農業』2019年12月号を単行本化したものです。

著者所属は、原則として執筆いただいた当時のままといたしました。

撮　影
●依田賢吾
●赤松富仁
●田中康弘
●小倉隆人

表紙写真提供
●JAあまるめ

カバー・表紙デザイン
●石原雅彦

今さら聞けない 肥料の話 きほんのき

2020年 5月20日　第1刷発行
2024年 4月20日　第9刷発行

農文協　編

発行所　一般社団法人　農山漁村文化協会
郵便番号 335-0022 埼玉県戸田市上戸田2-2-2
電 話 048(233)9351(営業)　048(233)9355(編集)
FAX 048(299)2812　振替 00120-3-144478
URL https://www.ruralnet.or.jp/

ISBN978-4-540-20123-3　DTP製作／農文協プロダクション
〈検印廃止〉　印刷・製本／TOPPAN㈱